AF859415

Martin Sinzig

Louis Chevrolet – der Mann, der dem Chevy seinen Namen gab

Martin Sinzig

Louis Chevrolet –

der Mann, der dem Chevy seinen Namen gab

Die Geschichte des Rennfahrers und Autopioniers – 1878 bis 1941

Verlag Huber
Frauenfeld Stuttgart Wien

© 2011 Verlag Huber Frauenfeld
an Imprint of Orell Füssli Verlag AG, Zürich, Switzerland
Alle Rechte vorbehalten
www.verlaghuber.ch

Dieses Werk ist urheberrechtlich geschützt. Dadurch begründete Rechte, insbesondere der Übersetzung, des Nachdrucks, des Vortrags, der Entnahme von Abbildungen und Tabellen, der Funksendung, der Mikroverfilmung oder der Vervielfältigung auf andern Wegen und der Speicherung in Datenverarbeitungsanlagen, bleiben, auch bei nur auszugsweiser Verwertung, vorbehalten. Vervielfältigungen des Werkes oder von Teilen des Werkes sind auch im Einzelfall nur in den Grenzen der gesetzlichen Bestimmungen des Urheberrechtsgesetzes in der jeweils geltenden Fassung zulässig. Sie sind grundsätzlich vergütungspflichtig.

Umschlaggestaltung: Barbara Ziltener, Frauenfeld
Druck: fgb • freiburger graphische betriebe, Freiburg

ISBN 978-3-7193-1566-5

Bibliografische Information der Deutschen Nationalbibliothek:
Die Deutsche Nationalbibliothek verzeichnet diese Publikation in der Deutschen Nationalbibliografie; detaillierte bibliografische Daten sind im Internet über http://dnb.d-nb.de abrufbar.

Dieses Werk ist allen Menschen gewidmet, die sich in irgendeiner Form mit Louis Chevrolet verbunden fühlen, besonders aber meiner Mutter Ruth Sinzig-Stoll. Sie hat meinen Enthusiasmus für die Marke Chevrolet geteilt und mich in allen meinen Unternehmungen und Arbeiten für mein Buch unterstützt.

Inhalt

Vorwort

Der 1878 in der Schweiz geborene Louis Chevrolet war Rennfahrer, Mechaniker und Visionär. Er hat die Geschichte und die Entwicklung des Automobils wie kaum ein anderer mitbegründet und beeinflusst. Als meine Familie im Jahr 1939 von der Schweiz in die Vereinigten Staaten von Amerika zog, war ich gerade mal sieben Jahre alt und natürlich, wie damals jeder Junge in diesem Alter, absolut begeistert von Automobilen. Die Marke Chevrolet mit dem »bow-tie«-Firmenlogo war mir natürlich aus der Schweiz bekannt, aber kein Vergleich zu der Wahrnehmung der Marke und ihrer Fahrzeuge, an die ich mich als Heranwachsender in den ersten Jahren in den USA erinnere. Chevrolets bestimmten das Strassenbild, zusammen mit einer Vielzahl von Produkten anderer Hersteller. Viele von ihnen überlebten nicht oder gingen in anderen Marken auf.

Die Faszination und die fundamentale Verflechtung der Marke mit der amerikanischen Bevölkerung und Lebensart sehe ich mit darin begründet, dass Chevrolet als eine der führenden Automobilmarken schon sehr früh wegweisende Technologien einführte, die von anderen Herstellern nur in deutlich teureren Fahrzeugen angeboten wurden. Zum Beispiel verfügte der erste Chevrolet, der Classic Six Series C, bereits über einen Elektrostarter und elektrische Frontscheinwerfer. Auch Motorleistung wurde von Chevrolet erschwinglich gemacht. Die frühen 4- und 6-Zylinder-Motoren begründeten den Ruf von Leistungsfähigkeit und Langlebigkeit. Eine Benzineinspritzung gab es bei Chevrolet schon im Jahre 1957 zu kaufen.

Chevrolet stand – damals wie heute – für erschwingliche und robuste Fahrzeuge mit ästhetischem Design, mit denen sich ganz Amerika identifizierte. Kampagnen wie «See the USA in your Chevrolet» oder «The Heartbeat of America» haben Chevrolet zu einem Haushaltsbegriff gemacht.

Schon immer war Design ein wichtiger Grundpfeiler von Chevrolet, viele Modelle wurden zu Ikonen. Eine der wohl weltweit bekanntesten ist die im Jahre 1953 vorgestellte Corvette. Nur 300 Exemplare des aus Glasfaser gebauten Sportwagens wurden im ersten Jahr produziert, aber sie etablierte sich als amerikanische Ikone, die auch heute noch von sich reden macht. Die Heckflossen des 57er Chevy Bel Air reflektierten den Zeitgeist der Jet-Epoche wie kein anderes Auto, während die schnittig-geschmeidige 63er Corvette Stingray für viele Automobilexperten eines der schönsten Fahrzeuge ist, das jemals entworfen und gebaut wurde.

Andere Chevrolet-Designs hatten einen kulturellen Einfluss, der noch Jahrzehnte später anhält. Zum Beispiel brachte der 1967 eingeführte Camaro sportliches Design und Leistung in erschwinglichen Einklang und sprach höchst erfolgreich junge Käufer an. Im «Truck»-Markt halfen Chevrolets Innovationen, neue Segmente zu begründen. Der Suburban, weltweit das erste Sport Utility Vehicle, wurde 1935 auf den Markt gebracht und ist die bis dato am längsten existierende Modell-Bezeichnung in der Geschichte der Automobilindustrie. Sein Erfolgskonzept – mehr Platz für Fahrgäste und Gepäck – überzeugt seit der ersten Modellgeneration.

Neben der Liebe zum Automobil ist die grösste Gemeinsamkeit zwischen Louis Chevrolet und mir wahrscheinlich der Hang zur Technik und zur Geschwindigkeit. Bereits im Jahre 1906 stellte Louis in einem speziellen, offenen Rennwagen mit rund 118 Meilen pro Stunde einen Geschwindigkeitsrekord auf. 118 Meilen entspechen – in die heutige Zeit übertragen – sicherlich mehr, als ich auf einem meiner Sportmotorräder oder Sportwagen aus meiner kleinen, aber feinen Privatsammlung jemals erreichen kann. Vielleicht komme ich dem Gefühl der Geschwindigkeit, die Louis Chevrolet damals empfunden haben muss, in meinem Albatros-Militärjet am nächsten.

Als Chef von Produktentwicklung und Design bei General Motors habe ich die Entwicklung der Marke Chevrolet fast zehn Jahre lang massgeblich mitgestaltet. Besonders stolz bin ich natürlich auf den Chevrolet Volt, der die Marke zu Beginn des zweiten Jahrhunderts ihrer Firmengeschichte innerhalb kürzester Zeit an die Spitze der Automobiltechnologie gebracht hat. Der elektrisch angetriebene Volt ist das erste massenproduzierte Elektrofahrzeug, das ohne Einschränkungen unter verschiedensten Klima- und Fahrbedingungen betrieben werden kann, ohne Gefahr zu laufen, unterwegs mit einer entladenen Batterie liegen zu bleiben. Während der ersten 60 Kilometer läuft der Volt einzig über die Elektrizität seiner 16-kWh-Lithium-Ionen-Batterie – ohne Benzin zu benötigen oder Abgase zu produzieren. Wenn sich der Ladezustand der Batterie dem Ende zuneigt, springt übergangslos ein mit Benzin betriebener Generator ein, der die Reichweite des Fahrzeugs bei vollem Tank auf bis zu 500 Kilometer erhöht.

Mittlerweile werden Chevrolet-Fahrzeuge in über 130 Ländern verkauft. Chevrolet nutzt sein weltweites Netzwerk innerhalb des General-Motors-Konzerns, um Fahrzeuge zu entwickeln und zu bauen, die auf lokale Kundenbedürfnisse abgestimmt sind. Und dies nach wie vor immer im Einklang mit den markentypischen Grundsätzen wie Stil, Wertigkeit und Leistung.

Chevrolet war im Jahre 2010 mit über 4,2 Millionen verkauften Fahrzeugen der weltweit viertgrösste Automobilhersteller und eine der am schnellsten wachsenden Automobilmarken. Ich bin stolz und gleichzeitig dankbar, dass ich während fast einer Dekade die Gelegenheit hatte, die Geschicke von Chevrolet massgeblich mitzubestimmen. Die Weichen für eine grosse Zukunft sind gestellt, da bin ich mir ganz sicher. Und mein Schweizer Landsmann Louis Chevrolet wäre bestimmt nicht minder stolz auf sein Vermächtnis und die Tatsache, dass Automobile nach 100 Jahren immer noch seinen Namen in fast allen Ländern der Welt tragen.

Bob Lutz, im Februar 2011

Ein grosser Name, ein unbekannter Mensch

Unkraut wuchert über den Gehsteig, die Eingangstüre zum Backsteinhaus an der Grand River Avenue 3940 in Detroit ist vergittert, die Fenster sind mit Spanplatten zugenagelt und Graffitis verkünden irgendwelche Botschaften. Das Hauptquartier von General Motors ist weniger als drei Meilen entfernt. Die breite Strasse läuft geradewegs auf die Stahlglastürme des Automobilkonzerns zu, doch keine Menschenseele hält sich an der Adresse 3940 auf.

Vor 100 Jahren sah es hier ganz anders aus. Detroit war eine prosperierende Stadt. Sie profitierte von ihrer geografischen Lage am Fluss, der die Grossen Seen im Mittleren Westen der USA verbindet. Amerika war damals die am stärksten expandierende Industrienation. In Detroit sorgten der Schiffbau und die produzierende Industrie für Arbeitsplätze. Die Automobilindustrie stand am Anfang eines ungeahnten Aufschwungs, der die Stadt dereinst zur «Motor City» machen sollte.

Auch Louis Chevrolet zog es ins boomende Detroit. Der Schweizer, der 1900 nach Amerika ausgewandert war, hatte sich als begabter Mechaniker einen Namen gemacht und war als draufgängerischer Rennfahrer berühmt geworden. Im Frühjahr 1911 mietete der 32-Jährige an der Grand River Avenue 3939 eine kleine Werkstatt. Dort tüftelte er zusammen mit einem kleinen Team an neuen Automotoren. Aus dieser Organisation entstand die Chevrolet Motor Company. Sie wurde im November 1911 als Aktiengesellschaft gegründet. Knapp zwei Jahre später, im Herbst 1913, verliess Louis Chevrolet das Unternehmen und wandte sich neuen Projekten, vor allem der Rennfahrerei zu.

Der Firma Chevrolet verkaufte der Schweizer seinen Namen. Dieser Name sollte bald einen weltweiten Triumphzug antreten und wie Baseball, Hot Dogs und Apfelkuchen zum amerikanischen Haushalt gehören. Schon 1927, also nur 14 Jahre später, stiess die Autoherstellerin, die 1918 Teil von General Motors geworden war, mehr als eine Million Fahrzeuge aus und überholte die grosse Konkurrentin Ford. Die beiden Industriegiganten lieferten sich fortan einen dauernden Kampf um die Position des weltweit grössten Autoherstellers. Bis heute gehören Chevrolet und Ford zu den Grossen der Branche.

Chevrolet wurde, wie Ford, zum Synonym für die individuelle, erschwingliche Massenmobilität. Stations-, Last- und Pritschenwagen für gewerbliche Zwecke untermauerten diesen Anspruch, halfen, effizient Waren zu transportieren und Kunden zu versorgen. Im Zeichen des wirtschaftlichen Aufschwungs der 1950er-Jahre eröffneten Chevy-Pickups auch vielen privaten Nutzern ungeahnte Transportmöglichkeiten. Der zunehmende Wohlstand förderte ebenso die Nachfrage nach sportlichen Fahrzeugen. Die Corvette, der erste serienmässige Sportwagen mit Fiberglas-Carrosserie, stillte dieses Bedürfnis und wurde zur Legende.

1955 lancierte Chevrolet den neuen Smallblock-V-8-Motor und brachte damit ein fortschrittliches Triebwerk massenhaft unter die Bevölkerung.. Das Automobil war definitiv nicht mehr aufzuhalten und prägte zunehmend den amerikanischen Lebensstil. Auf dem Höhepunkt der Chrom- und Heckflossen-Ära führte Chevrolet 1958 die Impala-Modellreihe ein, die bis heute Bestand hat, und Anfang der 1960er-Jahre wurden die Autokäufer mit einer wahrhaften Modelloffensive beglückt. Unter den Modellnamen Nova, Chevelle und Corvair bediente der GM-Konzern das kompakte und mittlere Fahrzeugsegment, mit nachhaltigem Erfolg. Auch im PS-Krieg der «Musclecars» gegen Ende dieses Jahrzehnts hielt Chevrolet mit. Die aus heutiger Sicht unglaublich potenten Camaros, Chevelles und

Corvettes donnerten über die Highways und konnten auf den Dragstrips so manche Siege verbuchen.

Vor allem in den westlichen Industrieländern wurde die Marke Chevy nicht nur zum Inbegriff günstiger, individueller Mobilität, sondern auch immer stärker zum Symbol von Wohlstand und Freiheit. Daran vermochten auch die Erdölkrise der 1970er-Jahre und die wiederholten wirtschaftlichen Schwierigkeiten der amerikanischen Autobranche nichts zu ändern.

Chevrolet boomte in Nordamerika und expandierte auf andere Kontinente. In Europa wurden Montagewerke errichtet, auch in der Schweiz, im Heimatland von Louis Chevrolet. Von 1936 bis 1968 verliessen insgesamt 26 858 Chevys das Montagewerk in Biel. Dieses lag nur gerade rund 60 Kilometer von La Chaux-de-Fonds, vom Geburtsort des Firmengründers, entfernt. Heute entwickelt, baut und verkauft die Firma Chevrolet ihre Produkte auf allen Kontinenten, ist das Rückgrat von GM, global organisiert und gilt als viertgrösste Automarke der Welt. 2010 wurden 4,27 Millionen Fahrzeuge verkauft, davon 477 000 in Europa.

Als er in der kleinen, gemieteten Werkstatt in Detroit an seinen Prototypen arbeitete, hatte Louis Chevrolet mit Sicherheit nicht daran gedacht, dass sein Name dereinst rund um die Welt erkannt würde, von Amerika bis nach Südamerika und Australien, von Europa bis nach Russland und China. Und bestimmt hätte sich der Schweizer Auswanderer kaum träumen lassen, welche Ausstrahlung die Produkte der von ihm mitbegründeten Firma haben würden, welche Faszination die Chevies bis heute verbreiten.

Seit seiner Premiere im Modelljahr 1914 wurde das einprägsame «bowtie»-Logo zum unverkennbaren Symbol einer aufstrebenden Automarke. Chevy entwickelte sich zum «Herzschlag von Amerika», wie ein Werbeslogan in den 1980er-Jahren unbescheiden proklamierte. Chevy bewegte und bewegt jung und alt, begeisterte und begeistert Millionen von Menschen, auch wenn sie «nur» einen einfachen Pickup, einen Kleinwagen oder eine Kompaktlimousine mit dem Chevy-Kreuz ihr Eigen nennen dürfen. In diese Welt passt selbst die sechste Corvette-Generation, die den Sportwagenfans rund um den Globus kräftig einheizte.

Die Populärkultur leistete ihren Beitrag zur Chevy-Faszination. Mit den Transformers-Kinofilmen erschien gleich eine ganze Reihe von Fahrzeugen aus dem GM-Konzern auf der grossen Leinwand. Vor allem aber leitete der erste Blockbuster von 2007 die fantastische Wiedergeburt des Camaro-Sportcoupés ein, gewann besonders jüngere Kinogänger für die Marke und liess die Herzen bisheriger Camaro-Fans wieder höher schlagen. Die Aufregung um die Neuinterpretation der Ikone aus den 1960er-Jahren hält nach wie vor an und sorgt für hervorragende Verkaufszahlen. Zwischen April 2009 und Dezember 2010 wurden über 140 000 Camaros der fünften Generation ausgeliefert.

In der Tat, die Automarke mit dem wohlklingenden, französischen Namen ist längst über den nüchternen Zweck, Personen und Waren über eine bestimmte Distanz zu transportieren, hinausgewachsen. Die Emotion, die auch Louis Chevrolet als Konstrukteur und Rennfahrer antrieb, lebt mehr denn je und erfasst alle Altersklassen. Der Mann aber, der der jetzt 100-jährigen Marke seinen Namen verliehen hat, ist bislang weitgehend unbekannt geblieben. Wie ein diffuser Schatten huscht die Person Louis Chevrolet durch die vielen Jahrzehnte der traditionsreichen Autofirma, wird da und dort erwähnt, beschrieben, manchmal auch ein wenig instrumentalisiert, aber nie in seinem wirklichen Wesen erfasst.

Erst wenige Bücher haben sich mit der Biografie des Schweizers beschäftigt. Amerikanische Publikationen, die ihn gelegentlich als Fran-

Louis Chevrolet, hier in einer Aufnahme aus seinen Jahren bei Buick, hat sowohl als Rennfahrer als auch als Mitbegründer der Chevrolet Motor Company Automobilgeschichte geschrieben.

zosen bezeichnen, heben meist seine rennfahrerischen Erfolge hervor. Grösser war das Interesse in Europa. Der Schweizer Hans Rudolf Schmid war einer der ersten Autoren, der 1960 in der Reihe «Schweizer Pioniere der Wirtschaft und Technik» ein Porträt des Rennfahrers und Markengründers verfasste. 1991 folgten der Jurassier Pierre Barras mit dem «Abenteuer Louis Chevrolet», das einen hervorragenden Überblick über die Lebensgeschichte des Schweizer Auswanderers vermittelt, 1992 der Franzose Jacques Chevalley mit dem reich dokumentierten Werk «Chevrolet, ein Name, eine Familie».

Im angelsächsischen Raum hat Louis Chevrolet einen festen Platz in der frühen Motorsportgeschichte. Eine Reihe von Magazin- und Zeitungsartikeln zeugt davon, und Louis Chevrolets Aufnahme in die Motorsport-Ruhmeshallen von Indianapolis, Detroit und Talladega ist alles andere als unbedeutend. Irritierend erscheinen hingegen die Umstände um die Errichtung des Louis Chevrolet Memorials in Indianapolis. Diese Gedenkstätte fand 1975 einen seltsamen Standort neben dem Geschenkladen des Indianapolis Motorspeedway Museums, und der lokale Speedway-Historiker rätselt bis heute über die Bedeutung dieses Memorials.

Selbst an seinen früheren Lebensstationen in Europa ist Louis Chevrolet bis heute kaum sichtbar. Erinnerungstafeln, schlichte Strassenschilder, manchmal in anonymen Industriequartieren platziert, verraten einen zuweilen lieblosen Umgang mit der Erinnerung an den bekannten, aber offensichtlich schwer fassbaren Auswanderer. Dokumentationen und weitergehende Informationen fehlen, die obenerwähnten Bücher sind in örtlichen Bücherläden oder Tourismusbüros zwar bekannt, aber kaum vorrätig oder vergriffen. Die Frage bleibt, wer ist Louis Chevrolet wirklich und was soll dieses Buch?

Mit Blick auf die 100-jährige Geschichte der Firma Chevrolet interessiert, welche Rolle der junge Ingenieur in der Firma spielte, welche Modelle auf seine Ideen zurückgehen, welchen Beitrag er zum Aufbau der Marke leistete, und schliesslich, warum es nach nur gut zwei Jahren zum Bruch mit seinem Geschäftspartner kam. Beleuchtet werden sollen auch seine späteren Engagements als Konstrukteur, als Ingenieur und auch als Unternehmer.

Breiten Raum erhalten Louis' Erfahrungen bei den frühen und gefährlichen Autorennen, ebenso seine Rennkonstruktionen. Einen besonderen Stellenwert haben dabei die Frontenac-Rennwagen. Mit ihnen errangen die Chevrolet-Brüder bedeutende Siege, die in die Motorsportgeschichte eingegangen sind. Noch wenig bekannt ist hingegen der Privatmann Louis Chevrolet, der Charakter dieser draufgängerischen, lebenslustigen Persönlichkeit. Wie war er als Ehemann, als Bruder, als Vater? Wie meisterte er die Weltwirtschaftskrise der 1930er-

Jahre? Starb er schliesslich anonym und mittellos, wie oft behauptet wird?

Das vorliegende Buch erhebt angesichts der schwierigen Quellenlage keinen Anspruch auf Vollständigkeit. Mit diesem Werk soll der Leser – vor dem Hintergrund des 100. Geburtstags der Automarke – einen umfassenden Überblick über das Leben des Autopioniers, über seine rennfahrerischen, geschäftlichen wie privaten Erlebnisse erhalten. Da und dort werden neue Aspekte aufgegriffen, und es werden bisherige Erkenntnisse vertieft oder korrigiert. Wenn das gelingt, dann hat sich die jahrelange, intensive Spurensuche des Autors schon gelohnt. Es handelt sich aber auch hier nach wie vor um eine Annäherung an die Person von Louis Chevrolet, an seinen Charakter und an seine Leistungen, um nicht mehr und um nicht weniger.

Berg, im Oktober 2010

La Chaux-de-Fonds, die Geburtsstadt von Louis Chevrolet, hier eine Ansicht aus dem Jahre 1864, entwickelte sich Mitte des 19. Jahrhunderts zu einem der Schweizer Zentren der Uhrenindustrie. Die rechtwinklige Anordnung der Strassen erinnert an amerikanische Städte.

Von Fahrrädern zu Automobilen

«Ich bin immer stolz gewesen auf die Schweiz, obwohl ich nicht viel von ihrer glorreichen Geschichte wusste, weil ich das Land zusammen mit meinen Eltern im Jahre 1886 verliess. Ich war damals ungefähr siebeneinhalb Jahre alt», schreibt Louis Chevrolet am 14. Januar 1935 in einem Brief an einen Bekannten, der ebenfalls in die USA ausgewandert ist. Louis ist 56jährig, als er diese Zeilen in seinem Haus in Detroit verfasst. Er nimmt in diesem Schriftstück ausdrücklich Bezug auf seine Herkunft aus dem Schweizer Jura.

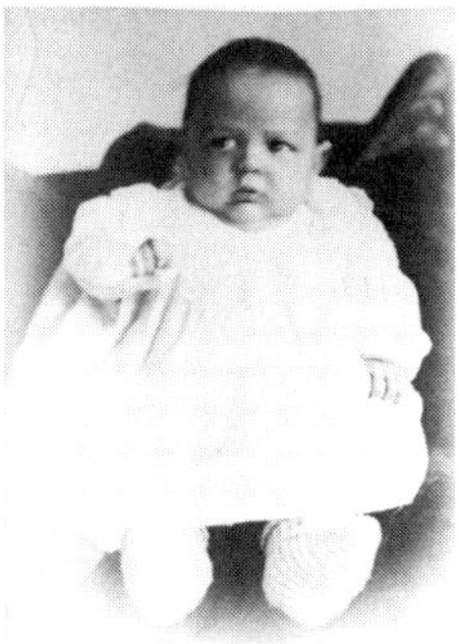

Louis Chevrolet als Kleinkind. Nach seiner Geburt am 25. Dezember 1878 zogen die Eltern zuerst nach Bonfol, dann nach Beurnevésin im damaligen Berner Jura.

In Bonfol, einem kleinen Dorf nahe der französischen Grenze, wird Louis Vater, Joseph-Félicien Chevrolet, am 5. August 1853 als ältestes von sechs Geschwistern geboren. Mit 23 Jahren heiratet er die knapp 26-jährige Marie-Anne Angéline Mahon aus dem Nachbardorf Beurnevésin. Die Heiratsurkunde vom 1. Mai 1876 dokumentiert die Vermählung des Uhrmachers und der Tagelöhnerin. Sie ist bereits schwanger, und knapp sechs Wochen später, am 10. Juni, kommt in Bonfol Edouard-Alfred als erstes Kind zur Welt.

Die Gemeinde zählt knapp 1300 Einwohner. Für Beschäftigung sorgen das einheimische Töpferhandwerk, die Landwirtschaft und die Uhrenindustrie, doch die Schweiz ist noch kein reiches Land, sondern krisengeplagt. Das gilt besonders für die Uhrenindustrie. Sie ist zwar von Genf bis in den Jura expandiert und hat in vielen Städten und Gemeinden Arbeitsplätze geschaffen. Diese junge und erfolgreiche Branche kommt aber in der zweiten Hälfte des 19. Jahrhunderts arg in Bedrängnis. Als die Industrialisierung grosse Fortschritte macht, taucht neue Konkurrenz auf. Amerikanische Produzenten beginnen, Uhrenkomponenten massenweise zu produzieren. Diese Teilchen sind präzise und für die verschiedensten Modelle austauschbar. Die Folgen für die Schweizer Uhrenindustrie sind verheerend: Der Export von Schweizer Uhren in die USA schrumpft massiv. Das ist ein harter Schlag für die Schweizer Uhrenproduzenten, die mit einer industriellen, feinmechanischen Anfertigung von Einzelteilen auf die veränderte Marktsituation reagieren.

Den krisenartigen wirtschaftlichen Verwerfungen ist auch die junge Familie Chevrolet ausgesetzt. Sie muss immer wieder nach Arbeit suchen. Kurz nach der Heirat und der Geburt des ersten Kindes zieht es die Chevrolets nach La Chaux-de-Fonds, in ein wichtiges industrielles Zentrum des Kanton Neuenburg. Joseph-Félicien findet eine Anstellung in der örtlichen Uhrenindustrie und montiert sogenannte Hemmungen, das sind Baugruppen für mechanische Uhren. Am Weihnachtstag, dem 25. Dezember 1878, kommt an der Rue du Grenier 22a der zweite Sohn zur Welt. Er wird am 11. Januar 1879 in der Kirche Sacré Cœur auf den Namen Louis-Joseph Chevrolet getauft.

Das Geburtshaus von Louis Chevrolet, die Rue du Grenier 22a, lag ziemlich zentral in La Chaux-de-Fonds. Hier lebte die Familie Chevrolet von 1876 bis Anfang 1879. Der Vater, Joseph-Félicien, hatte in der Uhrenindustrie in dieser Stadt Arbeit gefunden. Das Haus wurde Ende der 1950er-Jahre abgerissen. Heute befindet sich hier ein Wohnblock.

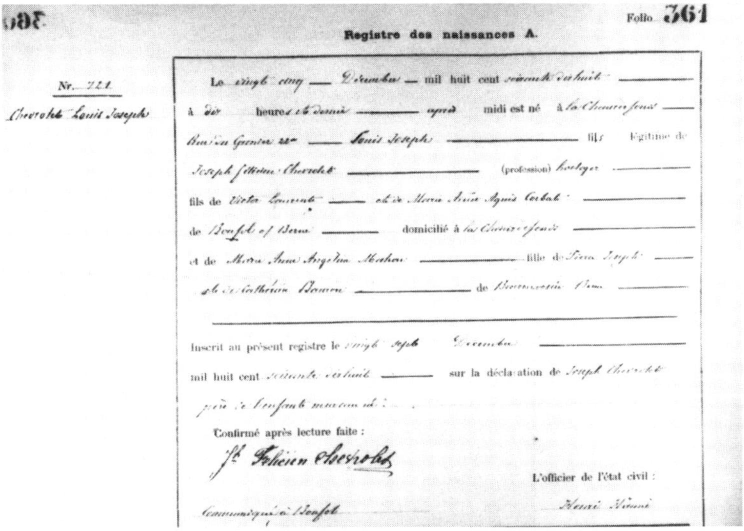

Folio 361

Registre des naissances A.

Nr. 721

Chevrolet Louis Joseph

Le vingt cinq — Décembre — mil huit cent soixante dix huit

à dix heures et demie — après midi est né à la Chaux-de-Fonds

Rue du Grenier 22a — Louis Joseph — fils légitime de

Joseph Félicien Chevrolet — (profession) horloger

fils de Victor Laurent — et de Marie Anne Agnès Corbat

de Bonfol et Berne — domicilié à la Chaux-de-Fonds

et de Marie Anne Angeline Mahon — fille de Pierre Joseph

et de Catherine Beuron — de Beurnevésin Berne

Inscrit au présent registre le vingt sept Décembre

mil huit cent soixante dix huit — sur la déclaration de Joseph Chevrolet

père de l'enfant susnommé.

Confirmé après lecture faite :

Jh Félicien Chevrolet

L'officier de l'état civil :

Henri Nicoud

Communiqué à Bonfol

Am 25. Dezember 1878, um sechseinhalb Uhr nachmittags, wird Louis Joseph Chevrolet an der Rue Du Grenier 22a in La Chaux-de-Fonds geboren. Zwei Tage später unterzeichnet Joseph-Félicien Chevrolet die Geburtsurkunde für seinen zweiten Sohn. Der Eintrag wird auch in Bonfol bekanntgemacht. Das Dokument nennt den Beruf des Vaters, den Namen der Mutter sowie die Namen der Grosseltern.

Die Familie bewohnt in La Chaux-de-Fonds noch eine weitere Adresse, die 37 Rue Numaz-Droz. Doch sechs Wochen nach Louis' Geburt und nach weniger als drei Jahren in der Stadt geht es zurück nach Bonfol. Die Familie erhält bald Zuwachs. Am 31. Juli 1881 erblickt Fanny Angéline das Licht der Welt, nach dem Umzug nach Beurnevésin Berthe Léonie am 23. Januar 1883 und Arthur am 22. April 1884. Marthe-Marie folgt ein Jahr später und stirbt vermutlich bei der Geburt.

1886 zieht es die Chevrolets, wie so viele andere Schweizer, ins Ausland. Sie sehen bessere wirtschaftliche Perspektiven in Beaune, der Hauptstadt der französischen Weinregion Burgund, einer Stadt mit historischen Gebäuden, die bis ins 14. Jahrhundert zurückreichen. Die siebenköpfige Familie bewältigt, in einer Zeit ohne Busse, Lastwagen oder schnelle Bahnlinien, eine Distanz von gut 200 Kilometern. Im Oktober 1888 werden die Chevrolets als Einwohner von Beaune offiziell registriert.

In einem Mehrfamilienhaus an der Rue du Faubourg Bretonnière 28 richtet sich die Familie ein. An dieser Adresse gebiert Anne-Marie am

1886 wandert die Familie Chevrolet von Beurnevésin im Berner Jura ins rund 200 Kilometer entfernte Städtchen Beaune in der burgundischen Weinregion Frankreichs aus. Hier werden die zwei jüngsten Kinder, Marthe und Gaston, geboren. Die erste Adresse, wo die Familie wohnt, befindet sich westlich des Stadtzentrums, an der Rue du Faubourg Bretonnière 28. Dort klafft heute eine Lücke in der Häuserzeile.

30. September 1888 Marthe und am 4. Oktober 1892 Gaston. Dessen Pate wird der knapp 14-jährige Louis. Es entsteht eine enge Verbindung zwischen den beiden Brüdern, die später in Amerika eine besondere Bedeutung erhalten wird.

In Beaune findet die nun neunköpfige Familie Stabilität und vor allem eine Existenz. Ausdruck dafür ist der Umzug an die Rue Maufoux 22, in ein Quartier im Stadtzentrum. Die hohen, viergeschossigen Häuser dieser Strasse beherbergen zahlreiche kleine Geschäfte. Im Erdgeschoss installiert der Vater neben einer Bäckerei seine Uhrenboutique. Dort repariert er Uhren, aber auch andere Geräte wie zum Beispiel Nähmaschinen.

Trotzdem lebt die Familie in bescheidenen Verhältnissen. Weil der Vater gesundheitlich angeschlagen ist, sind die Kinder der Chevrolets angehalten, ihren Beitrag zur familiären Existenz zu leisten. Bereits im Alter von elf Jahren müssen sie einer Arbeit nachgehen. Louis findet

Die neunköpfige Familie Chevrolet in einer Aufnahme aus den späten 1890er-Jahren. Stehend von links nach rechts: Arthur, Louis, Fanny, Berthe und Alfred. Sitzend von links nach rechts: Joseph-Félicien, Gaston, Marie-Anne Angéline und Marthe. Alle Familienmitglieder ausser Alfred und der Vater werden später in die USA auswandern.

eine Beschäftigung bei einem gewissen Louis Roblin. Dieser betreibt in der Stadt eine Fahrradvertretung mitsamt Werkstatt. Hier erwirbt Louis erste mechanische Fähigkeiten.

In der Fahrradszene wird auch sein Sportsgeist geweckt. Als sich 1895 zwei Veloclubs gründen, um Rennen auszurichten, schreibt sich Louis Chevrolet beim Club «Vélo Populaire Beaunois» ein. Auf Gladiator-Fahrrädern, die sein Meister Roblin als exklusiver Regionalhändler vertreibt, dominiert der ambitionierte Teenager bald zahlreiche lokale und regionale Rennen. «Er verlor kein Rennen, kein einziges», erinnert sich später Martha Desnoyers, Louis' jüngste Schwester.[1]

Mit gut 16 Jahren tritt Louis Chevrolet in Beaune einem der neugegründeten Veloclubs bei und nimmt auf Gladiator-Fahrrädern erfolgreich an Rennen teil. Der junge Mann arbeitet in dieser Zeit in den Velowerkstätten von Louis Roblin.

1897 berichtet die lokale Presse vom «tapferen Champion», der einen 50-km-Kurs in der Rekordzeit von 1 Stunde, 23 Minuten und 30 Sekunden absolviert hat. Andere Artikel loben «unseren Champion von Beaune», beschreiben ihn «als den Meister der Pedalen», als den sympathischen Rennfahrer, der auf seiner «göttlichen Gladiator» als Erster ankommt. Der junge Mann hat die Freude an der Geschwindigkeit, am Wettkampf und auch am Siegen entdeckt. Preise mit nicht unbedeutenden Geldsummen von bis zu 30 französischen Francs oder Kunstobjekten im Wert von bis zu 40 Francs reizen. Auf diese Weise kann der Jugendliche seinen Beitrag zum Familienbudget leisten. Louis' Schwestern Fanny und Berthe lassen sich im Alter von 15 respektive 13 Jahren ebenso für Velorennen begeistern und treten erfolgreich in der Damenklasse an.

Eine neue Art der Fortbewegung, das benzinbetriebene Fahrzeug, kündigt sich in diesen Jahren an. 1883 baute Gottlieb Daimler in Deutschland den ersten Verbrennungsmotor, und 1888 findet die erste Überlandfahrt mit einem dreirädrigen Patent-Motorwagen statt. Auch in Frankreich tüfteln findige Ingenieure an neuartigen Benzinmotoren und läuten das Automobilzeitalter ein. Einzylindrige Dreiräder sowie leichte, kutschenartige Automobile tauchen auf.

Dieses undatierte Foto zeigt den jungen Louis Chevrolet, lässig an ein Auto angelehnt und mit einer Zigarette in der Hand. Zigaretten wird er zeitlebens rauchen.

Im Mai 1893 berichtet eine Lokalzeitung in Beaune von einem seltsamen neuartigen Fahrzeug, das sich auf den ersten Blick wie von selbst fortzubewegen scheint. Das neue Transportsystem, so der Titel des Zeitungsartikels, biete mindestens sechs Personen Platz und verfüge über einen Benzinmotor im Heck. Mit Fahrrädern vergleichbar seien jedoch der Kettenantrieb und die Räder. Der Wagen könne eine Geschwindigkeit von 20 Kilometern pro Stunde erreichen. Eine grosse Zahl von Neugierigen beobachtet, wie dieses Automobil durch die Stadt fährt.

Als auch Louis Chevrolet zum ersten Mal ein Automobil sieht, ist er fasziniert. Die Begegnung wird zum Thema beim Abendbrot. «Wie wird das Automobil angetrieben? Wie fährt es? Kann es nicht schneller fahren», fragt Louis.[2] Ein prägendes Erlebnis hat der junge Mann mit einem benzinbetriebenen Dreirad. Dessen Eigentümer hat die Nacht in Beaune verbracht und am nächsten Morgen Schwierigkeiten, den 1,5-PS-Benzinmotor in Gang zu bringen. Louis gelingt es. Er erinnert sich später:

«Ich konnte mein Glück kaum fassen, als er [der Fahrer] sagte, ich könnte es versuchen. Wahrscheinlich weil es mir gelang, das Fahrzeug kräftiger und schneller zu stossen, sprang der Motor beim ersten Versuch an. Da fuhr ich plötzlich mit diesem Dreirad, und meine Freunde jubelten mir zu. Ich war der glücklichste Mensch auf der Welt.»[3]

Bevor der dankbare Fahrzeugbesitzer seine Reise fortsetzt, erklärt er seinem knapp 15-jährigen Helfer, wie der Motor funktioniert. Louis träumt fortan von einem eigenen Automobil. Erst mehrere Jahre später kommt er diesem Ziel einen Schritt näher.

Louis bestreitet 1898 eine weitere Saison Fahrradrennen, dann verlässt er Beaune, um in der Automobilindustrie Fuss zu fassen. Knapp 20-jährig heuert er in Suresnes, einem Vorort von Paris, bei der Automobiles Darracq SA an, derselben Firma, die die Gladiator-Fahrräder produziert hat und die sich jetzt auf die Herstellung von Autos konzentriert. In einer Zeit, als die Benzinkutschen als exotische Fahrzeuge gelten und erst für wenige Menschen erschwinglich sind, tritt Louis damit in eine neue, exklusive Welt ein.

Der junge Mann, der nur über geringe Schulbildung verfügt, erwirbt in den folgenden 18 Monaten mechanische Kenntnisse und Fähigkeiten im Automobilbau. Von Darracq wechselt Louis bald zu anderen Unternehmen, so zum Beispiel zur renommierten Société d'Automobiles Mors in Paris, die seit 1895 im Automobilgeschäft tätig ist und auch Rennwagen baut. Diese Erfahrungen ebnen Louis den Weg zum Chauffeur, Mechaniker und Rennfahrer.

In Paris, im Zentrum der mittlerweile führenden Autonation Frankreich, ist Louis am richtigen Ort, um seine Faszination für das Automobil auszuleben. Doch der junge Mann hört von den vielversprechenden Möglichkeiten, die sich fabrikerfahrenen Mechanikern in Amerika bieten sollen. Er spart das Geld für eine Überfahrt. Am 13. Dezember geht er in Le Havre an Bord der «Normandie» und kommt an seinem 22. Geburtstag, am 25. Dezember 1900, in New York an. Louis Chevrolet gehört, nach seinen «Umwegen» über Beaune und Paris, zu jenen 400 000 Schweizer Bürgerinnen und Bürgern, die zwischen 1850 und 1914 die Heimat verlassen, um ihr Glück in der Neuen Welt zu suchen.

Der mutigste Rennfahrer der Welt

In Frankreich wird die Tagesarbeitszeit für Frauen und Kinder gesetzlich auf maximal elf Stunden limitiert, in Paris finden die Olympischen Sommerspiele statt. Am Bodensee fliegt das erste Zeppelin-Luftschiff. In den USA wird der Goldstandard für den US-Dollar eingeführt, und die Firestone Tire and Rubber Company beginnt in Ohio, Reifen herzustellen. Im Jahr 1900 existiert in Amerika bereits eine beachtliche Zahl von Autoherstellern, dennoch dominieren Pferdefuhrwerke und Kutschen nach wie vor die Strassen, und viele Menschen können sich den Aufschwung benzinbetriebener Fahrzeuge noch nicht vorstellen.

Louis Chevrolet erreicht nach einer mehrwöchigen Schiffsreise den nordamerikanischen Kontinent und findet in Montreal, im Bundesstaat Quebec (Kanada), eine Anstellung als Chauffeur und Mechaniker. Es ist ein anspruchsvoller Beruf. Wer eines der neuen Automobile beherrschen will, muss sowohl kleinere als auch grössere Reparaturen selbstständig ausführen können. Die französischsprachige Umgebung ist für den geselligen jungen Mann die richtige Umgebung, um sich auf dem neuen Kontinent einzuleben.

Louis kommt bei einem gewissen Emil-Henri Bourassa unter, einem Geschäftsmann, der 1899 ein eigenes Automobil konstruiert hat und damit zu den kanadischen Pionieren gehört, die wie Henry Ford an der Front der neuen Entwicklung standen. Nach einem halben Jahr verlässt Louis Chevrolet Montreal und erreicht im April 1901 New York, genauer den Stadtteil Brooklyn, wo er eine Anstellung bei der

De Dion-Bouton Motorette Company findet, einer Verkaufsniederlassung der französischen Autoherstellerin.

Trotzdem ist Louis nicht ganz glücklich. Sein Heimweh steigt täglich, und noch im selben Jahr überzeugt er seine Schwestern Fanny und Berthe, ihm nach Amerika zu folgen. Sie arbeiten hier als Schneiderinnen. Als der Vater, erst 49-jährig, am 9. März 1902 stirbt, entschliesst sich auch Louis' Mutter, zusammen mit ihren Kindern Marthe, Arthur und Gaston den Atlantik zu überqueren. Sie verlassen Le Havre an Bord des Passagierdampfers S.S. La Savoie und kommen am 2. Mai in Brooklyn an. Einzig Louis ältester Bruder, Edouard-Alfred, rund 26jährig und als Uhrenarbeiter tätig, bleibt in Frankreich zurück.

Die Familie Chevrolet beginnt in Amerika neu, und sie verlässt sich zu einem grossen Teil auf Louis. Dessen Talente als Mechaniker werden in der noch jungen Automobilbranche offensichtlich gebraucht. Zwar schliesst die Niederlassung von De Dion-Bouton, doch der junge Mann findet Arbeit bei anderen, renommierten Autofirmen, etwa bei Winton, bei Pope-Toledo und bei Autocar. Louis trifft schliesslich auf E. Rand Hollander, einen Importeur von europäischen Wagen, und wird als Mechaniker für die Marke Fiat eingestellt.

Diese Anstellung führt Louis Chevrolet geradewegs in die Rennszene. Alfred Reeves, der Rennen auf dem Empire City Track nahe New York City organisiert, hat den grossen Rennfahrer Barney Oldfield für eine Serie von Vergleichsrennen engagiert. Doch es gibt niemanden, der gegen den Fahrer des beeindruckenden «Peerless Green Dragon» antreten würde. Reeves wendet sich an E. Rand Hollander, der soeben einen ausserordentlich schnellen Fiat importiert hat. Doch der Autohändler hat dafür keinen Fahrer. «Lass mich nachdenken», sagt Hollander zum Rennpromotor, «ich würde dir gerne helfen, doch das Auto fährt nicht von alleine. Aber warte eine Minute. Da ist ein Mann draussen in der Werkstatt, ein

Franzose, der Fiat durch und durch kennt, aber er ist nie Rennen gefahren. Oh, Louis!»[4]

Der junge Mann folgt diesem Ruf, ohne zu zögern. Er hat bereits am 8. Oktober 1904 das erste Vanderbilt-Cup-Rennen besucht und dabei die beiden 75-PS-Fiat-Rennwagen aufmerksam verfolgt. Zu seiner Feuerprobe tritt Louis sieben Monate später, am 20. Mai 1905, am Eröffnungsrennen im exklusiven New Yorker Morris-Park an. Dort hat das Automobil die Pferde von dieser historischen Rennbahn verdrängt. Der Wettring ist zur Garage umfunktioniert worden, der Sattelplatz zum Sammelplatz für Rennwagen und der Rasen zum Autoparkplatz für die Besucher.

THE AUTOMOBILE

VOL. XII. NEW YORK, THURSDAY, MAY 25, 1905—CHICAGO NO. 21

FIRST MORRIS PARK TRACK RACES.

RACING at "the only track in the world devoted exclusively to automobile racing," as the management announces, was inaugurated last Saturady at the Morris Park track at Westchester, the Bronx, New York City. There was a fair attendance of spectators, variously estimated at from 5,000 to 7,000, who made their way in many touring cars and by rail. They were not deterred from going by a cold northwest wind, for the sky was clear and the meet promised to be an interesting one. Unfortunately, the promise was not entirely fulfilled, for a number of reasons, although the times in the various events were fast; they would have been much better if the contestants had not had to drive into a dead ahead wind on the back stretch and at the same time mount a very perceptible grade there. Although the track had been especially prepared by increasing the banking

MORRIS PARK TRACK AT OPENING MEET ON MAY 20—VIEW FROM CLUBHOUSE SHOWING HOME STRETCH AND STRAIGHTAWAY.

Auf einer ehemaligen Pferderennbahn im New Yorker Morris Park hat Louis Chevrolet am 20. Mai 1905 seinen Einstand als Rennfahrer. Er macht Furore, als er in einem Fiat den berühmten Amerikaner Barney Oldfield auf Anhieb schlägt. Die Sensation ist perfekt. «Alle jubeln dem neuen Geschwindigkeitskönig zu», berichtet das Automagazin «The Automobile».

Zwischen 5000 bis 7000 Autobegeisterte kommen, mit rund 400 Autos und mit öffentlichen Verkehrsmitteln. Das Clubhaus bevölkern Mitglieder des Morris Park Motor Racing Clubs. Eingeladen sind an diesem freundlichen Frühlingsmorgen auch Vertreter der Automobilhersteller. Die Zuschauer auf der Haupttribüne warten gespannt, und Reporter installieren ihre Telegraphen. Zeitungen haben ihre Star-Berichterstatter entsandt, um das Eröffnungsrennen zu begleiten.

Der Wettbewerb um die schnellste fliegende Meile macht den Auftakt, und Louis Chevrolet hat die Ehre, als Erster anzutreten. «Motor Age» berichtet:

«Dieser Franzose ist absolut neu im Rundstreckenrennen. Er hat es allerdings, wie eine Ente im Wasser, gepackt. Am Tag zuvor wurde er inoffiziell mit einer Zeit von 52 Sekunden und einem Fünftel gestoppt. Diese Neuigkeit war unglaublich. Doch in weniger als einer Minute schaffte er es. In einem haarsträubenden Drift kurvte er ums Clubhaus, donnerte die hintere Bahn hinunter, nahm die Kurve und sauste auf die Ziellinie zu. Die Uhren zeigten 52 Sekunden und vier Fünftel an, einen neuen Rekord, der auch Barney Oldfields Bestzeit vom 21. Dezember 1904 in Los Angeles schlug.»

Louis' Zeit wird als neuer Weltrekord ausgerufen, und auch im wichtigsten Rennen des Tages, dem Dreimeilen-Rennen mit fliegendem Start, setzt sich der «Frenchman» gegen Webb Jay auf einem White-Dampfrennwagen sowie gegen Charles Basle auf Mercedes durch. 20 Tage später, am 10. Juni, bestätigt Louis seine Fähigkeiten als Rennfahrer. Das Fünf-Meilen-Rennen, einen nationalen Wettbewerb, beendet er mit klarem Abstand als Erster. Auf der fliegenden Meile unterbietet Louis seine bisherige Bestzeit mit 52 Sekunden und einem Fünftel. «Er ist ein cleverer, wagemutiger und auffälliger Fahrer und wurde für seinen Rekord von den Zuschauern bejubelt.»[5]

Der knapp 27-Jährige wird fortan als ernsthafter Gegner anerkannt. Am 26. Juni kommt es auf dem Empire City Track in New York zu einem neuerlichen Wettkampf mit Barney Oldfield. Motor Age analysiert in seiner Ausgabe vom 29. Juni:

«Barney wurde von einem schnelleren und stärkeren Auto geschlagen, doch wenn man die 60 PS des Peerless mit den 90 PS des Fiat vergleicht, war die Ehre nicht allein auf der Seite des ausländischen Autos und Fahrers. Nicht dass der geschickte und kühne Fahrstil des Franzosen geschmälert werden soll. Er kommt näher als jeder andere an Barney Oldfields Leistungen auf der Rennstrecke heran. Auch die Geschwindigkeit und das konstant hohe Tempo des Fiat haben sicher gezeigt, dass es sich um den bisher schnellsten Wagen in der laufenden Saison handelt.»

Das Rennen zwischen Oldfield und Chevrolet wird zu einem der härtesten Duelle in der grossen Rennwagenklasse. Jede Seite setzt in einem speziellen Match 1000 Dollar ein. Der Kampf wird in drei Ausscheidungsrennen gefochten, und jedes reisst die Zuschauer von ihren Sitzen. Louis gewinnt zwei der drei Rennen, nämlich das erste über fünf Meilen und das dritte über zehn Meilen. Ebenso entscheidet der Neuling die «National Circuit Championship» über zweimal fünf und einmal zehn Meilen für sich.

In Pittsburg, Pennsylvania, muss sich Barney Oldfield am 28. und 29. Juni erneut gegen Louis geschlagen geben. Er gewinnt vor 6000 Zuschauern drei Rennen, zwei über zehn und eines über fünf Meilen. «Motor Age» schreibt am 30. Juni:

«Immer wieder raste er in seinem berühmten Fiat mit dem Tempo von einer Meile pro Minute durch Staubwolken, die von den Augen der Zuschauer nicht zu durchdringen waren. Barney Oldfield ist aber immer noch das Idol, gemessen an den tollen Ovationen und an der grossen Sympathie, die ihm während seiner Pechsträhne entgegengebracht wurde.»

Dennoch, der Reporter bezeichnet den Novizen als «den mutigsten Rennfahrer der Welt», und er wird zum gefeierten Star im motorbegeisterten Amerika.

Am prestigeträchtigen Vanderbilt-Cup-Rennen im Oktober 1905 hat der neue Star der amerikanischen Motorsportszene wenig Glück: Im Training verunfallt er mit seinem 110-PS-Fiat. Auch bei den Rennläufen mit einem Ersatzfahrzeug kommt Louis Chevrolet von der Piste ab. 100 000 Zuschauer verfolgen das Strassenrennen.

Louis' fulminanter Einstieg in die Rennszene verschafft ihm noch im gleichen Jahr den Zugang zum prestigeträchtigen Vanderbilt-Rennen auf Long Island bei New York. William K. Vanderbilt, ein reicher Eisenbahnerbe, hat ein Jahr zuvor den Vanderbilt-Cup gestiftet und das erste internationale Automobil-Strassenrennen in Amerika organisiert. Neben der sportlichen Seite soll durch diesen Wettbewerb die junge amerikanische Automobilindustrie gestärkt werden, die noch hinter der Qualität der europäischen hinterherhinkt.

Wer Rang und Namen in der Autorennszene hat, ist dabei. Rennfahrer aus den USA, aber auch aus Frankreich, Italien, der Schweiz, Deutschland, Irland, Belgien und Ungarn, mit Fahrzeugen aus den USA, Frankreich, Italien und Deutschland. Vertreten sind renommierte Marken wie Darracq, Locomobile, Renault, Fiat, Mercedes, Christie und Pope-Toledo.

Für sein Debut am Vanderbilt-Rennen vom 14. Oktober 1905 hat Louis den Fiat auf 110 PS Leistung verbessert. Doch er zerstört den Wagen bei einem Trainingslauf am Montag vor dem Rennen. Mit dem schwächeren Ersatzwagen mit 90 PS tritt der Schweizer vor 100 000 Zuschauern an. Er schafft es sechsmal um den gut 28 Meilen langen Rundkurs. In der siebten Runde kommt Louis in einer S-Kurve von der Strasse ab und trifft einen Telefonmast. Ein Rad bricht ab, die Vorderachse erleidet heftigen Schaden. Dennoch erreicht der Fiat-Fahrer unter 19 Mitbewerbern den zehnten Gesamtrang. Sieger des zehn Runden und 283 Meilen langen Rennens wird der Franzose Victor Hémery auf Darracq.

Louis' Bekanntheit steigt. Seine Fähigkeiten als Mechaniker und seine Leistungen als Rennfahrer öffnen ihm neue Türen, zum Beispiel bei J. Walter Christie, einem bekannten Ingenieur, Erfinder und Rennfahrer. Christie, er hat mit seinem eigenen, mit Frontantrieb ausgestatteten Wagen am Vanderbilt-Rennen von 1905 teilgenommen, holt Louis Chevrolet nach Philadelphia. Ende Januar 1906 fährt das Team Christie zum Ormond-Daytona Speed Carnival, einem beliebten Turnier an den Sandstränden von Florida. Sie bieten in einer Zeit, als Amerikas Strassen noch weitgehend unbefestigt sind, einen idealen Ort für automobile Wettkämpfe.

Schon 1902 haben sich hier die beiden dannzumal grössten Hersteller von benzinbetriebenen Automobilen, Alexander Winton und Ransom Eli Olds vor rund 50 Zuschauern einen ersten Wettkampf geliefert. Die Publizität hilft dem Verkauf, und in den folgenden Jahren kommen weitere Hersteller wie zum Beispiel Henry Ford auf den Geschmack. Das Ormond-Daytona-Turnier wird zu einem für Nordamerika bedeutenden Schauplatz für Autorennen. Es führt reiche Leute, die sich diesen Spass leisten können, mit dem einfachen Mann, den das Rennfieber gepackt hat, zusammen.

Anfang 1906 erringt Louis Chevrolet am Ormond-Daytona-Turnier in Florida zwei Geschwindigkeitsrekorde. Der französische Darracq mit dem gewaltigen V-8-Motor hat es auch Louis' junger Frau Suzanne angetan, wie diese Aufnahme zeigt. 1902 waren auf dem Sandstrand die ersten automobilen Wettkämpfe ausgetragen worden. Bis heute gehört Daytona in Nordamerika zu den berühmtesten Stätten des Rennsports.

Auf der langen Sandbank, die Ormond und Daytona verbindet, treffen Menschen wie der distingierte William K. Vanderbilt und der in einfachen Verhältnissen aufgewachsene Rennstar Barney Oldfield aufeinander. Oldfield hat sein erstes Geld als Hotelpage und als Zeitungsjunge verdient.[6] Auch Louis Chevrolet, der sich trotz geringer Schulbildung inzwischen in die Kreise der besten Automobilkonstrukteure und Rennfahrer hinaufgearbeitet hat, macht im Jahr 1906 am Sandstrand von Ormond auf sich aufmerksam und begeistert die junge, exklusive Rennszene.

Eigentlich soll Louis helfen, den frontgetriebenen Christie-Rennwagen für die bevorstehenden Wettbewerbe von Ende Januar 1906 vorzubereiten. Doch Victor Hémery ärgertdie Rennveranstalter mit seinem streitlustigen Verhalten und wird suspendiert. Damit ist das Darracq-Team ohne Fahrer. Samuel B. Stevens, der amerikanische Repräsentant von Darracq, überzeugt Christie, Louis Chevrolet von seinem Engagement als Mechaniker zu entbinden. Den 200 PS starken 8-Zylinder-Darracq-Rennwagen mit dem monströsen Zylinderinhalt von fast 25 Litern fährt der aufstrebende Rennfahrer zum ersten Mal. Auf Anhieb setzt er neue Rekorde für den schnellsten Kilometer wie für die schnellste Meile. Einzig der dampfbetriebene Stanley Steamer von Fred Marriott ist schneller.

«Der französische Fahrer, der im letzten Sommer auf den Rennstrecken so viele Punkte gesammelt hat, fuhr die Achtzylindermaschine bis an ihre Grenzen», berichtet die Zeitschrift «The Motor Way». Auch die «New York Times» lobt: «Chevrolets grosse Leistung ist es, dass er die Maschine auf ihre Maximalgeschwindigkeit bringen kann.»[7] Louis Chevrolet erreicht auf der Meile eine Geschwindigkeit von 117,65 Meilen pro Stunde (189,34 km pro Stunde) und unterbietet mit einer Zeit von 30,6 Sekunden den bisherigen Weltrekord von 34,4 Sekunden deutlich. Den Kilometer legt der junge Rennfahrer in einer Rekordzeit von 19,4 Sekunden zurück.

In den folgenden zwei Jahren betätigt sich Louis vor allem als Mechaniker. Erst 1908 kehrt er auf die Rennstrecke zurück. Als Fahrer der Matheson Automobile Company von Wilkes-Barre in Pennsylvania nimmt er am Vanderbilt Cup vom 24. Oktober teil. Zwischen 200 000 und 250 000 Menschen verfolgen das Rennen. Louis hat nach einem guten Start, er liegt anfangs an fünfter Stelle, Pech. Ein Zylinderbruch zwingt ihn schon in der zweiten Runde zum Aufgeben, und er landet unter 17 Fahrern auf dem 16. Platz.

Auf Louis aufmerksam geworden ist William C. Durant, Financier, Geschäftsmann und seit 1904 Mehrheitsaktionär der aufstrebenden Autoherstellerin Buick. Durant hat für das Unternehmen von Flint, Michigan, ein respektables Verkaufsnetz aufgebaut, und Buicks werden von Händlern bereits in verschiedenen Rennen in Amerika eingesetzt, mit wachsendem Erfolg. Zwischen 1904 und 1906 heimsen Buicks und ihre Fahrer zahlreiche Siege ein, auch auf Langstreckenrennen.

Das ist gute Publizität für Buick, und Durant erkennt den Nutzen, den er aus den Rennen für die Produktion ziehen kann. Er gründet ein eigenes Entwicklungsteam für Rennmotoren und -autos und weist seine Fahrer an, die Wagen so hart und schnell zu fahren wie möglich, um schwache Komponenten zu entdecken. Sobald ein Teil defekt oder verschlissen ist, wird es nach Flint gebracht, um es zu verbessern. So entsteht 1907 einer der frühen Werbeslogans, der lautet: «Wenn bessere Automobile gebaut werden, wird Buick sie bauen.»[8]

In sein neues Rennteam holt Durant einige der besten Fahrer und Mechaniker der Zeit. Da ist zunächst Bob Burman, geboren 1884 in Imlay City, Michigan. Er hat als einer der frühen Buick-Angestellten die Buicks auf Herz und Nieren getestet und sich ab 1906 einen Namen als Rennfahrer gemacht. Burman kehrt 1907 zu Buick zurück. Im selben Jahr lädt Durant Louis und seinen jüngeren Bruder Arthur Chevrolet in sein Hauptquartier nach Flint ein, um einen persönlichen Eindruck der beiden Schweizer Rennfahrer zu gewinnen.

Nach einem kleinen Rennen auf einer unbefestigten Rennstrecke hinter der Buick-Fabrik macht Durant Arthur zu seinem Privatchauffeur.

In einem Buick unterwegs auf öffentlichen Strassen: Louis Chevrolet und sein Begleiter passieren ein Pferdefuhrwerk. Noch Ende des ersten Jahrzehnts des 20. Jahrhunderts waren benzinbetriebene Automobile eine Neuigkeit und die Strassen mehrheitlich ohne Deckbelag.

Louis, der gegen Durant spielend gewonnen hat, kommt für diesen Posten nicht in Frage. Er will keine Risiken «mit diesem verrückten Louis» eingehen.[9] Der Chef des neuen Rennteams, William H. Pickens, bittet Louis schliesslich, ihn beim Design von Rennwagen zu unterstützen, doch dieser besteht darauf, vor allem als Fahrer eingestellt zu werden.

Ein dritter Pilot, der New Yorker Lewis Strang, dem ein Hang zum Dramatischen nachgesagt wird, kommt hinzu. Doch als Rückgrat des neuen Buick-Rennteams gelten Louis und «Wild Bob Burman».[10]

Nur unerschrockene Fahrer wagen sich in diesen Jahren auf die Rennstrecken. Es ist ein gefährliches Spiel mit Schotterpisten und mit einer noch nicht ausgereiften Mechanik. Der Vertrag, den Bob Burman im Sommer 1908 mit Buick unterzeichnet, macht die Risiken deutlich, denen sich die Rennfahrer aussetzen. Neben einem wöchentlichen Lohn über 50 US-Dollar plus Reisespesen wird auch vereinbart, dass die Firma Buick alle Arzt- und Spitalrechnungen zu übernehmen hat, bis zu 60 Tage nach einem Unfall.

Es liegt nahe, dass Louis Chevrolet einen ähnlichen Vertrag mit Buick aushandelt. Der Schweizer schliesst sich am 6. März 1909 dem Buick-Team an und ist «sehr hilfreich im Design, bei der Konstruktion und im Wettkampf der Buick-Rennfahrzeuge. Er war zwar nicht der wilde Fahrer wie Burman, aber er war extrem fähig. In einem Kopf-an-Kopf-Rennen ging Burman gewöhnlich als Erster hervor, falls sein Wagen hielt.»[11] Louis Chevrolet ist sehr stark und kräftig gebaut. Eine Anekdote illustriert das folgendermassen: Als der Fahrer eines Tages einen grossmotorigen Rennwagen mit der Handkurbel anwirft, hat die Maschine eine Fehlzündung. Gewöhnlich resultiert das in einem gebrochenen Arm. Aber Louis hält die Kurbel fest und verbiegt sie sogar.

Louis Chevrolets erster grosser Sieg als Mitglied des Buick-Rennteams: Am 19. Juni 1909 gewinnt er nach einem nervenaufreibenden Rennen über rund 396 Meilen die Cobe Trophy.

Rennfahrer werden wie Helden verehrt. Davon lebt auch das Buick-Rennteam, und Durant setzt enorme Geldsummen ein. 1909 beträgt das Budget 100 000 US-Dollar. Das Team ist in Eisenbahnwagen unterwegs. Dazu kommt ein zusätzlich gemieteter Gepäckwagen, der mit einer kompletten Werkstatt und einem Schmiedeofen versehen ist und noch Platz für acht Rennwagen bietet. Beachtliche Erfolge stellen sich ein, und der Financier ist so zufrieden, dass er am Ende der Saison 1909 Burman, Strang und Chevrolet mit einem Bonus über 10 000 US-Dollar belohnt, den sie unter sich aufteilen dürfen. Das ist eine unglaubliche Summe, verglichen mit dem Jahreslohn eines Fabrikarbeiters von einigen Hundert US-Dollars.

Von 1908 bis 1911 gewinnt das Buick-Team die Hälfte der amerikanischen Strassenrennen und mehr als 500 Trophäen. Louis Chevrolet leistet dazu einen wesentlichen Beitrag. Die Erfolgsserie beginnt für ihn am 19. Juni 1909, als er in Crown Point in Indiana die begehrte Cobe Trophy erkämpft. In einem «erbitterten und heroischen Ausdauertest»[12] holt Louis Chevrolet über 395,6 Meilen in 17 Runden den Sieg, mit einem Vorsprung von nur einer Minute und fünf Sekunden.

Das erfolgreiche Buick-Rennteam in einer Aufnahme von 1910: Im Rennwagen sitzen die Top-Fahrer Bob Burman und Louis Chevrolet.

«Es war ein sagenhaftes Rennen, das mit gleichen Chancen für alle zwölf Fahrer begann»,[13] berichtet die Presse. Es bietet rekordträchtige Spurts und nervenaufreibende Aufholjagden. In der zehnten Runde hat Louis Chevrolet mit seinem Marquette Buick Model 30 Ventilprobleme, doch es gelingt ihm, in der 14. Runde die Führung zu übernehmen und sie zu halten, auch wenn nur drei von vier Zylindern funktionieren. Tausende von Zuschauern brechen in einen Jubelschrei aus, als er sich vor ihnen und vor der Jury verbeugt. Louis kommentiert nach dem Rennen:

«Ich brauchte in den letzten acht Runden nichts anderes als Nerven. Als ich auf der steinigen Piste einen Zylinder verlor, wollte ich fast aufgeben. Aber etwas sagte mir, ich solle im Rennen bleiben. Es muss das Training gewesen sein, das ich als Mechaniker bei Hémery erhalten hatte, dem grössten Rennfahrer, den die Welt je gekannt hat. Er hat nie aufgegeben, und er lehrte mich, in all meinen Wettkämpfen so zu fahren.»[14]

Die Rennstrecke von Indianapolis hat im August 1909 ihre Premiere. Zahlreiche Rennläufe werden ausgerichtet. Für Buick sind hier Louis Chevrolet in der Nummer 34, Lewis Strang in der Nummer 33 und Bob Burman in der Nummer 32 am Start.

Im Frühling dieses Jahres haben die Arbeiten für den Bau der neuen Rennstrecke in Indianapolis begonnen. Der 2,5 Meilen lange Rundkurs wird planiert. Schichtenweise werden Flusskies, Kalksteinschotter, Teer, eine weitere Schicht Split und noch mehr Teer aufgetragen. Zum Abschluss erhält die Rennpiste noch einen Belag feinen Schotters. Mit Spannung erwartet Amerika die für August geplanten ersten Wettbewerbe auf dieser Strecke, und auch die Rennfahrer können es kaum erwarten, die neue Rundstrecke einzuweihen.

Nach einem Ballonrennen im Juni sind es am 13. und 14. August zunächst Motorradfahrer, die sich ein Rennen liefern. Für Donnerstag, 19., Freitag, 20., und Samstag, 21., August schliesslich sind die ersten Automobilrennen angesagt. 65 Fahrer von 15 verschiedenen Autoherstellern haben sich angemeldet. Das Buick-Team ist mit seinen professionellen Fahrern und beliebten Stars Bob Burman, Louis Chevrolet und Lewis Strang vor Ort. Die ersten Trainings auf der Indianapolis Motor Speedway beginnen. Die Piloten und ihre begleitenden Mechaniker (riding mechanics) haben aber kein leichtes Spiel mit den Verhältnissen. Der staubige, lose Untergrund sorgt dafür, dass die wagemutigen Männer innert Kürze mit Dreck, Öl und Teer verschmutzt sind. Die Fahrt auf der Strecke sei wie ein Flug durch einen Meteorregen, beklagen sich die Fahrer. Einige werden von Steinen getroffen. Gebrochene Schutzbrillen und blutige Wangen sind die Folge. Die Verantwortlichen bemühen sich, zwischen den Trainings die nötigen Reparaturen an der Strecke durchzuführen.

Zuschauer aus dem ganzen Mittleren Westen, aber auch aus New York bevölkern die Stadt Indianapolis. Die Spannung steigt, und sie wird bis zum letzten Tag vor den Rennen durch entsprechende Publizität in der Presse aufgebaut. Am Mittwoch, 18. August, dem Tag vor den ersten Wettbewerben, veröffentlicht die «Indianapolis News» den Erfahrungsbericht eines «Novizen» in einem Rennwagen mit Louis Chevrolet. Der Reporter Roland L. Mellett schreibt:

«Ich hatte schon lange Zeit den Wunsch, in voller Geschwindigkeit auf einer offiziellen Rennstrecke in einem Rennwagen mitzufahren, der von einem berühmten Fahrer pilotiert wird, aber ich bin davon geheilt. Drei Runden auf der neuen Rennstrecke mit Louis Chevrolet und seinem Cobe-Trophy-Buick sorgten für eine gründliche Abhilfe. Ich habe kein Bedürfnis mehr nach solchen Vergnügungsfahrten, falls man das überhaupt so nennen kann. ... Ich habe nie zuvor so etwas erlebt wie die Umrundung des 2,5-Meilen-Kurses in zwei Minuten und sechs Sekunden. Die Fahrt war rauh, und obwohl ich mich mit aller Kraft festhielt, hätte es mich nicht gewundert, wenn es mich aus dem Sitz geworfen hätte. ... Ich habe es Chevrolet nicht gesagt, aber ich war wirklich froh, endlich aussteigen zu können und wieder den Boden unter den Füssen zu spüren. Und ich glaube nicht, dass ich gerne ein Mechaniker in einem 300-Meilen-

Rennen wäre. So zu fahren mag vielleicht in Ordnung sein, wenn man sich daran gewöhnt hat, aber ich muss ehrlich sagen, dass das nicht die richtige Sache für einen Novizen ist.»

Der erste Renntag vom Donnerstag, 19. August, ist ereignisreich. Barney Oldfield bricht mit seinem Blitzen Benz den Rekord für die fliegende Meile mit einer Zeit von 43,1 Sekunden. Sein heftigster Konkurrent aus früheren Jahren, Louis Chevrolet, setzt im 10-Meilen-Rennen für die Klasse von 231 bis 300 Cui. (3,8 bis 4,9 Liter) ebenso eine neue Rekordzeit. Damit schlägt der Schweizer, der von der Presse immer noch als Franzose betitelt wird, Oldfields Bestmarke aus dem Oktober 1904. Den zweiten und den dritten Rang im 10-Meilen-Wettbewerb besetzen mit grossem Abstand die zwei anderen Buick-Piloten Lewis Strang und Bob Burman.

In weiteren Rennen belegen die Buicks die vorderen Ränge, und auch der fünfte und letzte Anlass des Tages, das 250-Meilen-Rennen um die Prest-O-Lite-Trophy, beginnt für Louis Chevrolet und seine Teamkollegen hoffnungsvoll. Doch Lewis Strangs Wagen fängt Feuer, und Louis bricht nach 58 Runden plötzlich ab und stoppt seinen Buick. Sein Mechaniker führt ihn zum Spitalzelt, wo dem Rennfahrer Teer, Staub und Glassplitter aus den Augen entfernt werden. Ein Stein hat offensichtlich Louis' Schutzbrille getroffen. Sie fällt in seinen Schoss, und es gelingt ihm nicht, diese wieder aufzusetzen. Bald gerät ein Gemisch von Staub und Teer in seine Augen und erschwert seine Sicht. Die Rennstrecke gleisst in der Sommersonne und gibt ihm den Rest. Als Louis wieder sehen kann, drückt er sein Bedauern darüber aus, dass er das Rennen nicht beenden konnte. Er hat 49 Runden lang geführt und das Feld zeitweise um bis zu fünf Runden distanziert.

Bob Burman fährt zwar zum Sieg, doch das Rennen wird von einer Tragödie überschattet. Kurz vor dem Ausstieg Chevrolets kommt es zu einem tödlichen Unfall, bei dem sowohl der Fahrer als auch der

Mechaniker noch auf der Stelle sterben. Auch einige Verletzungen werden vermeldet. Das Notfallspital an der Rennstrecke muss unter anderem den gebrochenen Arm eines Maschinisten behandeln, bei insgesamt sieben Personen müssen die Augen von Sand und Steinen befreit werden. Staubwolken erschweren die Sicht sowohl für Fahrer wie für Zuschauer. Die Veranstalter bemühen sich, den Staub mit Öl zu binden. Die an mehreren Stellen aufgebrochene Rennpiste wird über Nacht repariert.

Der zweite Tag, der 20. August, bleibt zwar von tragischen Unfällen verschont. Zwischen 20 000 und 25 000 Zuschauer verfolgten einen sicheren, manchmal fast langweiligen Rennbetrieb mit insgesamt acht Durchgängen. Louis Chevrolet holt zwei zweite Plätze, ist aber sonst wenig erfolgreich. Star des Tages wird Teamkollege Lewis Strang, der im 100-Meilen-Rennen über alle 40 Runden führt und mit Rekordtempi unterwegs ist, ohne je zurückzuschauen.

1909 reiht sich Erfolg an Erfolg: Louis Chevrolet und sein Mechaniker Joe Nelson vor dem Rennen vom 9. November in Atlanta. Sie gewinnen das 200-Meilen-Eröffnungsrennen um die Coca Cola Trophy, obwohl der Buick Marquette Model 16 Feuer fängt.

Der letzte Renntag, der Samstag, 21. August, zieht bei feuchtheissem Wetter 35 000 Motorsportbegeisterte an. Die 10 000 US-Dollar teure Wheeler-Schebler-Trophy ist das grosse Finale. Neue Rekorde werden erreicht, doch tödliche Unfälle begleiten das Rennen, das nach 235 von 300 Meilen abgebrochen wird. Das erste Autorennen von Indianapolis findet ein trauriges Ende.

In der folgenden Herbstsaison bestreitet das Buick-Rennteam eine Reihe von weiteren wichtigen Rennen. Am 30. Oktober tritt Louis Chevrolet für Buick zum fünften Vanderbilt Cup auf Long Island an, muss jedoch in der vierten Runde mit einem gebrochenen Zylinder aufgeben. Die schnellste Rundenzeit war dabei nur ein schwacher Trost.

Einen hart verdienten, aber souveränen Sieg holt der «strapazierfähige Schweizer Pilot»[15] am 9. November in Atlanta, Georgia. Beim 200-Meilen-Rennen zur Eröffnung des neuen 2-Meilen-Rundkurses baut Louis auf den ersten 72 Meilen seine Führung stetig aus, dann fängt sein Wagen Feuer. Ein paar Minuten dauert die Löschaktion, bevor das Team auf dem Buick Marquette Model 16 das Rennen wieder aufnehmen kann und eine sichere Spitzenposition zurückerobert.

Bei einer Durchschnittsgeschwindigkeit von 72 Meilen pro Stunde (115,9 km pro Stunde) erreicht Louis das Ziel nach 2 Stunden, 46 Minuten und 48 Sekunden. Damit unterbietet er die von seinem Teamkollegen Bob Burman in Indianapolis aufgestellte Rekordzeit um fast eine halbe Stunde. Der Gewinner darf die Coca Cola Trophy samt 600 US-Dollar in Gold nach Hause tragen.

In der New York Times vom 2. Januar 1910 blickt Louis Chevrolet als Gastautor auf die vergangene Rennsaison zurück.

1909 ist ein sehr bewegtes Jahr im Motorsport. Louis Chevrolet zieht in einem Zeitungsbeitrag am 2. Januar 1910 in der «New York Times» Bilanz: «Kaum eine Saison hat in den letzten Jahren eine solch grosse

A Years' Record on Road, Track and Beach

Many New World's Marks and Remarkable Races Produced in 1909—Comparatively Unknown Drivers Discovered and Fast Cars Brought Out.

By LOUIS CHEVROLET.

Nineteen hundred and nine has been a very active year so far as motor speed contests are concerned. There have been numerous track and road race meets that brought out many fast cars and developed a number of hitherto comparatively unknown drivers. No season in recent years has seen such a wholesale shattering of world's records ranging between one and 1,200 miles, and not only were many records broken, but broken by big margins. Never before have low-priced cars made such splendid showings in competition with high-priced foreign and American cars. Twenty-six road races worth noticing took place during the year in different parts of the country, while track meets were almost too numerous to count, at least forty of greater or lesser magnitude having been run off.

The year was especially notable in that it produced two new motordromes constructed for automobiles exclusively. The first of these was opened in August at Indianapolis, Ind.—a two-and-a-half-mile oval—and more recently the two-mile speedway at Atlanta, Ga., had its inaugural. The former set up numerous American records for specially banked courses, nearly all of which were subsequently broken when the Atlanta meet was held.

The racing season began at New Orleans, La., on Feb. 20 with a three days' track meet during the Mardi Gras. Robert Burman in a stock Buick won a great 100-mile race on this occasion, breaking Barney Oldfield's mark and setting up 102 minutes 39 seconds as the new world's record for mile tracks. At this meet Ralph De Palma in the Fiat "Cyclone," besides winning six competition events in noteworthy style, broke the 10-mile record when he covered the distance in 9 minutes 11 2-5 seconds, (a figure which he has since beaten.)

One month later the annual Ormond-Daytona Beach carnival took place. George Robertson in the big 120 horse power Benz broke a world's 5-mile straightaway record in 2 minutes 45½ seconds; Ralph De Palma in the Fiat "Cyclone" set up a new 120-mile mark of 1 hour 33 minutes 44 seconds, and Lewis Strang in a $1,750 Buick made a beach record for stock cars—100 miles in 90 minutes 24 seconds.

For the next few months there were numerous track meets and hill climbs throughout the country, in which the Buick team won the lion's share of the honors. Among these were races through the South at Chattanooga, Nashville, Birmingham, and Montgomery, Ala.; Columbia, S. C., and Louisville, Ky., while in the West, San Francisco and other cities saw good speed carnivals. Then came the Western stock chassis race for the Cobe Trophy on June 19, which I proved fortunate enough to win. It was with considerable satisfaction that I pulled my little 30 horse power Buick across the line first and won the 395-mile grind over eleven other contestants, among which were chiefly high-powered, high-priced cars.

Then came the Indianapolis Motor Speedway opening, which broke all American track records, and set up new marks for specially banked 2½-mile motordromes, the majority of which were later broken at Atlanta. In the Hoosier event the fastest time for a mile was made in the free-for-all classes by Barney Oldfield in a Benz racer—43 1-10 seconds. He also made 5, 10, and 25 mile records. Bobby Burman won the feature event of the opening day, Aug. 19, when he won the 250-mile race. He set up a new world's record for this sort of track when his Buick covered that distance in 4 hours 38 minutes 57 seconds, a mark which still stands. He also created numerous new intermediate marks, including 200 miles in 3:24:13. On the following day Lewis Strang made a new century mark in 1:32:40, winning the G. & J. Trophy. Strang, Burman, and myself made and broke a few stock car records, while the 50 and 100 mile records in the free-for-all class eventually went to Jack Aitken in his National, being, respectively, 44:21 and 1:31:41. Eddie Hearne in a 50 horse power Fiat won the 10-mile amateur record in 9:44.

When the National stock chassis competition was run at Lowell, Mass., on Sept. 6, 7, and 8, the Buick racing team won a lion's share of the laurels, although the big car race was won by George Robertson in a Simplex. In the light car division, Burman won the chief event, the Vesper Club Trophy race, covering 212 miles in a 30 horse power model at a speed of 55⅓ miles an hour, beating Ernest Stoecker, who was second, in a Benz, by more than thirteen minutes. In the 150-mile race the same day for the Yorick Club Cup, Buicks, driven by myself and Ray Harroun, made a clean sweep, running first and second respectively, at a 51-mile-an-hour clip, we being the sole survivors in a field of six starters. In the time trials held over a measured mile of the course on Sept. 7, Burman's Buick made the fastest time in one light class, and my car won two other classes, making a mile in 0:49½, the fastest time of any of the stock cars. Our Buick team's showing for the whole meet was six events won out of the ten held. In the free-for-all class Oldfield in his big Benz racer proved speediest, scoring 39.9 seconds for the mile. In the heavy car race on the 9th, Robertson in a 50 horse power Simplex was a hot winner, going the 318 miles at a 54-mile-an-hour average.

Shortly after this came the Long Island Stock Car Derby at Riverhead, L. I., at which I made a new American road record and also a new world's stock car record of 76 miles an hour. The course was the smoothest over which I ever drove a car, and I, running in a light car class, was able to let my little Buick out to its capacity in a long race for the first time. This 133-mile contest was another "one-two" victory for the Buick, for Bob Burman was right behind me, running second. Ralph De Palma, in a 45 horse power won the heavy car race, going 228 miles in 218 minutes, at a rate of not more than 62 miles an hour.

The world's 24-hour record was broken at Brighton Beach on Oct. 15, when a Lozier car, driven by Mulford and Patschke, rolled up 1,196 miles, and chipped the former mark made by George Robertson in a Simplex at the same track, by 19 miles. It was upon this occasion that I succeeded in setting up a new 12-hour record of 624 miles, the previous mark held by the Renault being 613 miles.

A new 100-mile record for mile tracks was made at Dallas, Texas, on Oct. 29, when Burman won eleven events and beat his own world's record in 101 minutes 45 seconds, and if any one believes that it is child's play to keep a car riding rings for a century at a mile-a-minute speed on an ordinary horse track he should try some nice day to equal Burman's Buick mark. This was made with a $1,750 stock car, and is considerably faster than any sort of racing car, specially built or otherwise, ever did.

The fifth Vanderbilt Cup race went down into history as a victory for Harry F. Grant in a six-cylinder Alco, with E. H. Parker in a Fiat in second place. While I had the misfortune of meeting with an accident in this event, I had some satisfaction in making the fastest lap of the contest, skirting the 12.64-mile circuit in 9:27, a record for the course. Ray Harroun, in a Marmon, won the Wheatley Hills Cup, and Joe Matson, in a Chalmers, captured the Massapequa Cup in the light classes.

When the Atlanta Motordrome was opened Nov. 9 to 13, with five days of racing on the two-mile oval, all of the Indianapolis marks, with the exception of Burman's records between 200 and 250 miles, were badly beaten. As is well known, the fastest time by far was made b ythe 175 horse power Brooklands Fiat—Nazzaro's famous car—which Lewis Strang piloted. The latter covered a mile in the remarkable time of 37.7 seconds, outstripping Oldfield, Christie, and other high-powered racers by big margins. The record for 200 miles—the longest race run at Atlanta—was credited to myself in a Model 17 Buick, the time being 166:48, at a rate of 72 miles an hour. This car also made new consecutive records for stock cars in the 301-450 class from 10 to 200 miles. Buicks also made new records from 10 to 25 miles in the 230-300 class. In the free-for-all division, in which most of the fastest times were hung up, Strang, in the big Fiat, of course took everything from one to and including ten miles, and made all of us drivers wish we had a car of that enormous power. Robertson, in a 60 horse power stock Fiat, beat all marks from 20 to 160 miles inclusive, the records from 160 to 200 miles being credited to my Buick. William E. Oldknow, a Buick owner, won the ten-mile amateur championship, setting up a new record for the non-professional class in 8:52⅔.

cost. Gloves ventilated, if desired, free of charge. Prices from 50c to $5.00 per pair.

42 North Pennsylvania St.

"Buick WINS!"

Last night closed the first day of the most important race meet yet held on the Indianapolis Speedway.

In the only two events in which it was entered sounded the old familiar cry of victory:---"BUICK WINS!"

BUICK strength and BUICK stamina---the same rugged qualities that carried the car into first place at the finish of nearly ***two hundred track and road contests last season---captured these two races:---***

5 mile stock chassis---BUICK first. Time, 4 min. 41.7 sec.
5 mile free-for-all---BUICK first. Time, 3 min. 37 2-5 sec.

Defeating the F. I. A. T. 90, Marmon Six, American, National 60, National 70, and Darracq

More often than any car in the world the BUICK has demonstrated in racking, grinding contests of this character, the well-nigh indestructible soundness of its construction.

The way the BUICK IS BUILT is what makes the BUICK win. The way the BUICK IS BUILT is what makes every individual owner ardent BUICK advocate.

Zahl von neuen Weltrekorden aufgestellt, auf Strecken von einer bis zu 1200 Meilen, und es wurden nicht nur viele Rekorde gebrochen, sie wurden auch markant unterboten. Noch nie haben sich so viele preisgünstige Autos gegenüber teuren ausländischen und amerikanischen Wagen so glänzend behauptet», blickt der Rennfahrer auf 26 wichtige Strassenrennen und auf 40 mehr oder weniger bedeutende Streckenrennen im ganzen Land zurück.

Das Buick-Team und Louis Chevrolet starten nach den tollen Erfolgen von 1909 erwartungsvoll ins neue Jahr. Doch die Auftritte in Indianapolis stehen unter einem schlechten Stern. Die gefährliche Rennstrecke hat im vergangenen Herbst zwar eine wesentliche Aufwertung erfahren. 3,2 Millionen Backsteine sind auf der 2,5 Meilen langen Piste verlegt worden und machen sie sicherer und schneller. Doch kurz vor dem dreitägigen Rennprogramm vom 27. bis 30. Mai wird bekannt, dass das Buick-Team nicht alle Fahrzeuge einsetzen darf, sondern nur Serienwagen mit Motoren von 161 bis 230 Cui. (2,6 bis 3,8 Liter) Zylinderinhalt. Erfolge lassen trotz dieser Einschränkungen nicht auf sich warten. Im ersten Wettkampf über fünf Meilen fährt Louis Chevrolet mit grossem Abstand und mit der Präzision eines Uhrwerks zum Sieg, um eine neue Bestmarke zu setzen. Teamkollege Bob Burman sichert sich in einem weiteren 5-Meilen-Rennen den ersten Rang. Im grossen 200-Meilen-Rennen um die Wheeler-Schebler-Trophäe vom 28. Mai übernimmt Arthur Chevrolet anfangs die Führung und ergattert am Ende einen ausgezeichneten vierten Platz. Die Favoriten hingegen, darunter Louis Chevrolet und Bob Burman, fallen aufgrund von Motorproblemen auf die Plätze 16 beziehungsweise 13 zurück.

Die Verantwortlichen der Indianapolis-Rennstrecke haben sich entschlossen, in diesem Jahr die Zahl der Veranstaltungen auszubauen. Für das zweite Rennwochenende am 1., 2. und 4. Juli trifft das Buick-Rennteam schon am 27. Juni ein, um mit dem Training zu beginnen.

Louis Chevrolet ist ein populärer Werbeträger für Buick, wie diese Anzeige im Indianapolis Star vom 28. Mai 1910 zeigt.

Louis Chevrolet und Bob Burman bringen im Juni 1910 zwei beeindruckende Rennwagen, die Buick 60 Specials, nach Indianapolis. Die stromlinienförmigen Wagen werden Buick-Bugs genannt, jedoch bei den entscheidenden Wettbewerben nicht eingesetzt.

Die Erwartungen sind gross. Zehn Fahrzeuge werden mitgebracht, darunter zwei neuartige Rennwagen, die Buick 60 Specials. Die einsitzigen, stromlinienförmigen Fahrzeuge, wegen ihrer insektenähnlichen Form auch «Buick-Bugs» (Buick-Käfer) genannt, sind innert weniger Wochen entwickelt worden und sollen für das Zeitfahren eingesetzt werden. Beim Training überschlägt sich Louis in einem der Buick-Bugs und kommt mit einem verstauchten Knie davon. Die von voluminösen Vierzylinder-Motoren mit 622 cui. oder 10,2 Litern Inhalt angetriebenen Bugs erreichen Geschwindigkeiten von über 105 Meilen pro Stunde (rund 169 km pro Stunde) und sind in der Qualifikation am schnellsten, werden jedoch in den Rennen nicht eingesetzt.

In den folgenden Tagen zeigen die Buick-Rennfahrer, was in ihnen steckt. Sie gewinnen 9 der 26 Rennen, und sie dürfen die meisten der 30 neuen Rekorde für sich verbuchen. Fünfmal steht Louis Chevrolet auf dem Podest, viermal Bob Burman, der vor allem das 100-Meilen-Rennen um die begehrte Remy Grand Brassard Trophy gewinnt. Auch Arthur Chevrolet schlägt sich gut. Er erreicht im 100-Meilen-Rennen den vierten, im 200-Meilen-Wettbewerb den fünften Platz und führt dabei auf 33 von 80 Runden. Die neuen Marquette-Buicks bewähren sich, und das Rennwochenende geht für Buick glanzvoll zu Ende.

Ein Marquette Buick mit Louis Chevrolet am Steuer: Diese Rennwagen wurden als Stock Cars eingesetzt, wurden aber nach dem Juli-Rennen von 1910 in Indianapolis für den Rest der Saison disqualifiziert.

Nur zwei Tage später geschieht Tragisches: Einer der Rennfahrer, Tom Kincaid aus Indianapolis, verunfallt bei einer Testfahrt auf der Rennstrecke tödlich. Eine zweite schlechte Nachricht folgt, und sie betrifft das Buick-Team: Das Wettkampfbüro disqualifiziert die Marquette Buicks für alle Stock-Car-Rennen im laufenden Jahr und annulliert rückwirkend die Resultate der Juli-Rennen. Damit verliert das Team sechs erste Ränge, vier von Burman, zwei von Louis Chevrolet.

Nach dieser grossen Enttäuschung und einigen kleineren Veranstaltungen bereitet sich das Buick-Team auf das zweite grosse Rennereignis dieses Jahres vor, den Vanderbilt Cup, der wiederum Zuschauermassen von weit über 250 000 Menschen anlocken wird. In der Presse wird schon vermutet, dass der «grossartige französisch-schweizerische Pilot» seine Karriere am Lenkrad beenden wird, «wenn er mit seinem grossen Wagen mit der weissen Motorhaube die Ziellinie überquert».[16] Die Journalisten werden, zumindest teilweise, Recht bekommen.

Autogrammkarte mit Louis Chevrolet und Bob Burman in ihren «Buick Bugs». Die Rennwagen sahen furchteinflössend aus und hatten aerodynamische Karosserien. Das Exemplar von Bob Burman ist bis heute erhalten geblieben.

Am 1. Oktober starten Louis und Arthur Chevrolet zusammen mit ihrem Teamkollegen Bob Burman gut ins Rennen. Die für ihr wildes Tempo bekannten «Buick Boys» setzen sich auf Anhieb ins Spitzenfeld.[17] Doch Unheil kündigt sich an. In der achten Runde fällt Arthur mit einer gebrochenen Antriebskette aus, Burman übernimmt die Führung, muss aber in der zehnten Runde wegen Kühlerproblemen aufgeben.

Louis führt die ersten acht Runden, doch in der 16. wird er in den schlimmsten Unfall des Rennens verwickelt. Eine leichte, aber gefährliche Kurve nimmt der Buick-Fahrer mit einer Geschwindigkeit von vermutlich 70 Meilen (rund 113 km) pro Stunde in Angriff. Wegen eines Defekts an der Lenkung verliert Louis die Kontrolle über den Wagen, kommt plötzlich von der Strecke ab und kollidiert heftig mit einem Tourenwagen. Drei Zuschauerinnen werden aus diesem Fahrzeug geworfen und verletzt. Das Rennauto schlittert weiter, durchbricht einen Lattenzaun, entwurzelt eine zehn Zentimeter dicke Zeder und überschlägt sich. Louis wird mehrere Meter weit aus dem Fahrersitz geschleudert, landet auf weichem Boden und erleidet einen Schulterbruch. Sein Mechaniker, Charles Miller, wird vom Fahrzeug begraben und stirbt auf der Stelle. Als der Pilot davon erfährt, bricht er zusammen.[18]

1911 zeichnet sich das Ende des famosen Buick-Rennteams ab. William Durant verliert die Kontrolle über den Buick-Konzern. Sponsoren springen ab, und Louis bekommt kein grünes Licht für den Plan, mit seinem Marquette Buick am Grand Prix von Paris teilzunehmen. Für das erste 500-Meilenrennen vom 30. Mai 1911 in Indianapolis ist Louis immerhin als Ersatzfahrer für seinen Bruder Arthur und für Charles Basle eingetragen. Als der Star aus dem Buick-Rennstall einen Anlauf nimmt, um sich nachträglich als Fahrer anzumelden, stösst er auf Widerstand. Drei Hersteller, darunter offensichtlich die Firma Marmon, stimmen der Eintragung von Louis Chevrolet nicht zu.

Die starke Rivalität unter den Autoherstellern von Indianapolis und Detroit spielt mit eine Rolle, ebenso die beneidenswerten Rennerfolge der Buicks. Da nützt es auch nichts, dass die von Louis' Freunden lancierte Petition an die Rennbehörde von allen Fahrern unterzeichnet wird. Louis' Teilnahme wird kurz vor Rennbeginn widerrufen, und Ray Harroun schreibt Geschichte. Er fährt mit seinem giftgelben Marmon Wasp zum Sieg und erreicht eine Durchschnittsgeschwindigkeit von 74,6 Meilen (120 km) pro Stunde. Dass Louis bei seinen Qualifikationsläufen einen Schnitt von angeblich 93 Meilen (rund 150 km) pro Stunde erreicht hat, ist eine Ironie der Geschichte.[19] Erst 1914 wird diese Geschwindigkeit bei einem Qualifikationslauf übertroffen.

Der Buick 60 Special in restauriertem Zustand. Gut sichtbar sind die kurzen Auspuffstutzen des gut zehn Liter grossen 4-Zylinder-Motors.

«Wir brauchen ein neues Auto»

William Crapo Durant, 1861 in Boston, Massachusetts, geboren, steigt als junger Mann im aufstrebenden Städtchen Flint, das 70 Meilen nordwestlich von Detroit liegt, ins Geschäft mit Pferdewagen ein. 1886 gründet er zusammen mit seinem Partner J. Dallas Dort die Flint Road Cart Company. Sie wird später in Durant-Dort Carriage Company umbenannt und entwickelt sich zu einem der grössten Fahrzeughersteller mit Fabriken und Verkaufsniederlassungen in den ganzen USA. Im Alter von 40 Jahren ist Durant bereits Millionär.

William C. Durant erkannte anfang des 20. Jahrhunderts, dass im benzinbetriebenen Automobil eine grosse Zukunft und ein enormes Geschäftspotenzial steckte.

Anfangs des 20. Jahrhunderts boomt das Geschäft mit Pferdekutschen wie nie zuvor, doch das Automobilzeitalter kündigt sich an. Der geschickte Verkäufer und Organisator, der sich mittlerweile in New York in die Geheimnisse des Aktienmarktes vertieft hat, erkennt die Chancen und das wirtschaftliche Potenzial der benzinbetriebenen Automobile. Durant übernimmt 1904 die Firma Buick und entwickelt sie innert weniger Jahre zu einem der weltweit grössten Autohersteller. Buick erzielt bald vergleichbare Produktionszahlen wie die Marken Ford und Cadillac.[20]

Dem umtriebigen Geschäftsmann gelingt es in dieser Zeit auch, die vielen kleinen Autohersteller und Zulieferbetriebe zu einem grösseren, profitableren Gebilde zusammenzufassen. Am 16. September 1908 formiert er die General Motors Company (GM) von New Jersey, und am 1. Oktober übernimmt GM im Rahmen eines Aktientauschs Buick. Innerhalb weniger Monate kommen bereits etablierte Automarken wie Oldsmobile, Cadillac und Oakland (später in Pontiac umbenannt) hinzu. Durant erwirbt ausserdem eine Reihe von Zulieferfirmen und weitere Automobilfabriken oder sichert sich zumindest Mehrheitsanteile.

Die aggressive Akquisitionsstrategie bindet jedoch kurzfristig umfangreiche finanzielle Mittel und reduziert das Eigenkapital der operativen Einheiten massiv. Vor allem die prosperierende Autoherstellerin Buick leidet unter Liquiditätsproblemen und gerät in Zahlungsschwierigkei-

ten. Die Banken drängen auf eine Lösung und übernehmen schliesslich GM formell am 11. November 1910. Durant verliert nur zwei Jahre nach der Gründung die Kontrolle über den neuen Konzern.

Doch der mittlerweile 49-Jährige Geschäftsmann würde nicht so leicht aufgeben. Die benzinbetriebenen Autos sind definitiv auf der Überholspur. Sie stossen in der amerikanischen Bevölkerung auf eine steigende Nachfrage und bieten geschäftliche Perspektiven für eine

Ende 1912 präsentiert die Chevrolet Motor Company in Detroit den Classic-Six-Tourenwagen. Louis Chevrolet, rechts im Bild mit weissem Kittel, hat seine ganze Energie in dieses Projekt gesteckt. Seine Ehefrau Suzanne sitzt neben dem Fahrer.

junge, aufstrebende Industrie. «Wir brauchen ein neues Auto», sagt der unerschütterliche Durant zu Louis Chevrolet.[21] Der Name Chevrolet, durch die Rennerfolge der Chevrolet-Brüder landesweit zu einem Begriff geworden, gefällt dem Financier. In seinen autobiografischen Notizen hält er fest:

«Ich hatte einen Namen für mein Unternehmen gefunden, Chevrolet. Meine nächste Aufgabe war es, einen Wagen zu finden, der zum Namen passte, einen Wagen, der sich durch Kraft, Geschwindigkeit, Stabilität, Aussehen und Preis auszeichnete, der jedes andere Auto im Land übertreffen würde – ein ziemliches Unterfangen. Um einen solchen Wagen zu produzieren, arbeitete ich mo-

Im März 1911 mietet Louis Chevrolet im zweiten Stock der Schulte Garage in Detroit eine kleine Werkstatt und bildet mit Freunden ein kleines Entwicklungsteam. Dazu gehören der französische Ingenieur Etienne Planche sowie frühere Mitglieder des Buick-Rennteams. Gearbeitet wird zunächst an schnelllaufenden Vier- und Sechs-Zylinder-Motoren. Der Geldgeber, William C. Durant, gibt aber bald eine andere Richtung vor.

natelang mit zwei bewährten, fähigen Mechanikern zusammen, Männern mit Geist und Mut, Männern, die nie aufgaben.»

Durant rennt mit seinem Vorhaben offene Türen ein. Louis Chevrolet ist euphorisch. Er hat schon längere Zeit den Wunsch, ein eigenes Fahrzeug zu bauen. An der 3939 Grand River Avenue in Detroit mietet er ab 13. März 1911 eine Werkstatt im Geschoss über der Garage von einem Herrn P.M. Schulte und Söhnen. Dort trommelt Louis mehrere Kompagnons zusammen, um mit den Arbeiten an neuen Vier- und Sechs-Zylinder-Triebwerken zu beginnen. Während Louis das Konzept des neuen Autos entwirft, ist Etienne Planche für das

Engineering zuständig. Den französischen Ingenieur hat Louis bei der Walter Motor Company in Brooklyn, New York, kennengelernt. Dort hat Planche den Roebling-Planche, einen schnellen und teuren, aber kommerziell erfolglosen Wagen entwickelt. Im Chevrolet-Projekt sieht Planche bessere Perspektiven.

Zu diesem neuen Team an der Grand River Avenue gehören von Anfang an frühere Kollegen aus dem Buick-Rennteam, das anfangs 1911 aufgelöst worden ist. Es sind der Mechaniker und Maschinist Henry Winterhoff sowie Peter McGregor aus Oil Springs in Ontario, Kanada. Ihn hat Louis am 4. März vom New Hotel Brunswick aus angeschrieben:

«Lieber Mac, ich möchte, dass Du sobald wie möglich nach Detroit kommst, um für mich zu arbeiten. Es handelt sich um eine Arbeit, die Du sicher gerne machen wirst, nämlich um die Konstruktion eines neuen Motors und Autos. Lass mich wissen, wie viel Deine Arbeit pro Stunde kostet und wann Du hier sein kannst, je früher, desto besser. Dein Louis Chevrolet».

Louis Chevrolet arbeitet mit seinem kleinen Team zunächst als unabhängiger Auftragnehmer für den Financier aus Flint. Es gibt keine Hinweise auf eine Firmengründung, weder durch den einen noch durch den anderen Geschäftspartner. Das Unternehmen ist am ehesten mit einem Renn- und Entwicklungsshop zu vergleichen. Diese Aktivitäten bleiben nicht lange unbeachtet. In der Ausgabe vom 30. Mai 1911 meldet das Flint Daily Journal, William C. Durant sei im Begriff, in Detroit eine neue Autofabrik für hochwertige und -preisige Wagen aufzubauen, zusammen mit dem Rennfahrer Louis Chevrolet als Partner. Dieser wird als «eines der Geschwindigkeitswunder dieser Tage und als Mitarbeiter von Durant bei der Herstellung und der Nutzung schneller Autos» bezeichnet. Chevrolet habe im Stillen an einem neuartigen Motor experimentiert, der das wichtigste Verkaufsargument für den neuen Wagen sei.

Doch Durant hat seine Stossrichtung inzwischen geändert. Nicht mehr ein potenter, hochwertiger Vierzylinder, sondern ein tiefpreisiger, leichter Chevrolet Runabout soll es werden. Der gewiefte Geschäftsmann holt frühere Mitarbeiter ins Boot, zum Beispiel seinen ehemaligen Assistenten und Buick-Fabrikationschef William H. Little. «Little als Manager», meldet das «Flint Daily Journal» am 31. Mai 1911, nur einen Tag nach dem Bericht über die neuen Aktivitäten von Durant. Louis Chevrolet wird damit zurückgestuft. Er ist nicht mehr der Chef der neuen Chevrolet-Organisation.

Little wird also für den Aufbau der neuen Firma verantwortlich zeichnen, und der neue Chef korrigiert noch am 31. Mai in der «Detroit Free Press», in leicht herablassendem Ton, die Pressemeldung vom Vortag: Chevrolet habe seinen Marquette-Buick-Renner mehrere Wochen lang auf den Strassen gefahren, «doch der neue Wagen, der Louis Chevrolets Namen tragen soll, existiere erst auf dem Papier».

Wer das Sagen in der Chevrolet-Organisation hat, macht am 20. Juli 1911 eine Nachricht in der Branchenzeitschrift «Motorworld» mehr als deutlich. William H. Little wird mit folgenden Worten zitiert: Während er die neue Firma organisiere, werde er von Herrn Durant in jeglicher Weise unterstützt, und «wir werden mehr Geld zur Verfügung haben, als wir brauchen; tatsächlich sind wir in der Lage, unsere Aktionäre auszuwählen, was wir auch tun werden».

Die neue Chevrolet-Organisation

William C. Durant kann Menschen für ambitiöse Projekte begeistern. Mit eisernem Willen und viel Charme war es dem grossen Organisator gelungen, die Durant-Dort-Carriage Company sowie Buick zu führenden Unternehmen der Fahrzeugindustrie aufzubauen. Nachdem er die Kontrolle über sein jüngstes Meisterstück, GM,

verloren hat, bereitet er einen neuen Coup vor. Die neue Firma Chevrolet soll ein wichtiger, ja entscheidender Teil dieser Strategie werden.[22]

Der eifrige Geschäftsmann setzt seine Pläne für die künftige Chevrolet-Organisation zusammen mit William H. Little zielgerichtet um. In Detroit haben sie bereits einen Mietvertrag für eine Fabrik am West Grand Boulevard abgeschlossen. Diese Fabrik, ein stolzes dreistöckiges Gebäude mit einer Nutzfläche von 75 000 Quadratfuss (umgerechnet rund 7000 Quadratmeter) wird noch bis Ende Juli von der Corcoran Detroit Lamp Company genutzt. Per Anfang August 1911

Anfang August 1911 bezieht das Entwicklungsteam um Louis Chevrolet ein repräsentatives Gebäude am West Grand Boulevard in Detroit. Die Firmengründung erfolgt erst drei Monate später.

kann das Team um Louis Chevrolet von der kleinen Werkstatt in der Schulte Garage in die neuen Räumlichkeiten umziehen und die Entwicklungsarbeiten an neuen Autos vorantreiben.

Dieser Umzug markiert einen Meilenstein in der Gründungsgeschichte der Chevrolet Motor Company und ist der eigentliche Start des neuen Unternehmens. Am neuen Standort werden eine Prototypenwerkstätte und ein Entwicklungszentrum aufgebaut. In den repräsentativen Büros bezieht Durant sein Hauptquartier. Gleichzeitig schmiedet er Pläne für Flint. Dort erwirbt Durant von James H. Whiting, dem früheren Buick-Präsidenten, für 200 000 US-Dollar die

Flint Wagon Works, die vor allem Pferdefuhrwerke, aber auch einen kleinen Personenwagen unter dem Namen Whiting fabrizieren. Im Kaufvertrag inbegriffen sind die Fabrikationsgebäude, Land, unfertige Whiting-Autos, Einachser, Wagenräder und stationäre Buick-Motoren. Whiting und seine Geschäftspartner haben erkannt, dass die Zeit der Pferdefuhrwerke vorbei ist, dass neue Ideen realisiert werden müssen.

Jetzt verfügt Durant über eine erste Produktionswerkstätte, und in rascher Folge gründet er eine Reihe von Firmen für seine neuen Automobilaktivitäten. Arthur C. Mason, Manager der Buick-Motorenwerke in Flint, kümmert sich um die Bildung einer Motorenfirma. Die Mason Motor Company wird am 3. August 1911 formiert. Am

Am 1. Dezember 1911 stimmen die Aktionäre der Chevrolet Motor Company einer deutlichen Kapitalerhöhung zu, auch Louis Chevrolet (unterste Unterschrift).

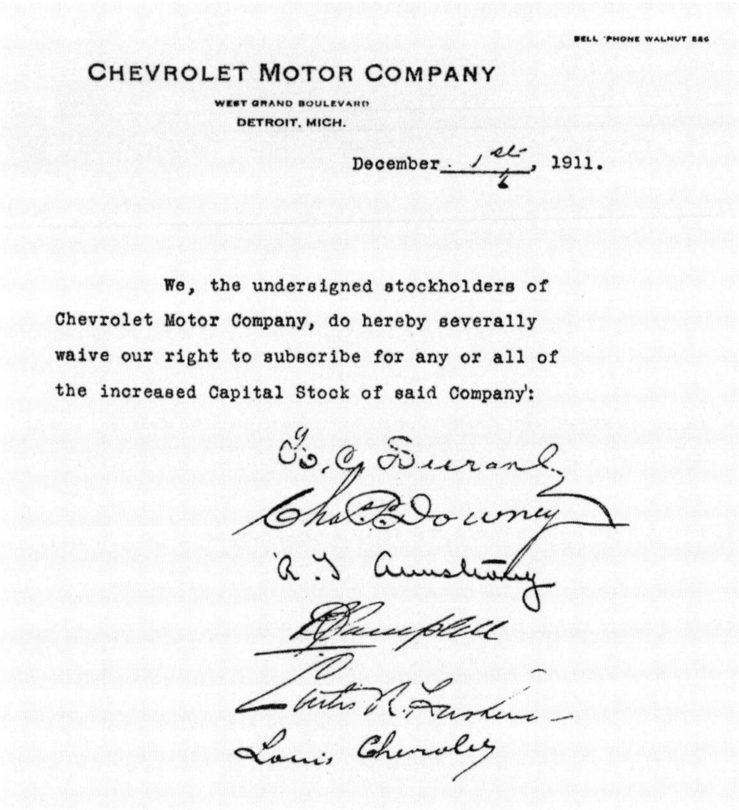
BELL 'PHONE WALNUT 886

CHEVROLET MOTOR COMPANY

WEST GRAND BOULEVARD
DETROIT, MICH.

December 1st, 1911.

We, the undersigned stockholders of Chevrolet Motor Company, do hereby severally waive our right to subscribe for any or all of the increased Capital Stock of said Company:

W. C. Durant
Chas. E. Downey
R. J. Armstrong
[illegible]
Curtis R. Hatheway
Louis Chevrolet

30. Oktober folgt die Gründung der Little Motor Car Company. Sie soll kleine, günstige Personenwagen mit Mason-Motoren bauen. Beide Unternehmen werden in den Wagon Works angesiedelt, die eine Gesamtfläche von 371 000 Quadratfuss (rund 35 500 Quadratmeter) umfassen.

Es dauert bis zum 3. November, bis Louis Chevrolet, William H. Little und Edwin R. Campbell, Durants Schwiegersohn, die Chevrolet Motor Car Company in Detroit aus der Taufe heben. Die erste Aktionärsversammlung wird auf den 8. November, 9 Uhr morgens, im neu bezogenen Gebäude am West Grand Boulevard anberaumt, um die Führungspersonen der neuen Gesellschaft zu bestimmen. Es sind dies William H. Little als Präsident, E. R. Campbell als Vizepräsident und Finanzchef, Louis Chevrolet als Designer und beratender Ingenieur sowie Curtis R. Hathaway als Sekretär und W.W. Murphy als Assistent des Sekretärs und des Finanzchefs.[23] Die Firma, bald als Chevrolet Motor Company bezeichnet, werde einen Chevrolet Six herstellen, meldet die Branchenpresse.

Im Vergleich zur Kapitalisierung von Little mit 1 200 000 US-Dollars (800 000 USD einbezahlt) macht sich Chevrolet mit einem Aktienkapital von 100 000 US-Dollar, wovon nur 10 000 US-Dollars einbezahlt sind, allerdings klein aus. Durant demonstriert aber bald, dass er seine grössten Hoffnungen auf Chevrolet setzt. Für diese Firma sucht er in Flint ebenfalls Fabrikgebäude. Doch dazu braucht er Geld. Am 1. Dezember, nur einen knappen Monat nach der Firmengründung, wird das Kapital auf 2,5 Millionen US-Dollar erhöht, um den Handlungsspielraum zu erweitern. Durant erscheint zu diesem Zeitpunkt neu auf der Aktionärsliste und wird Vizepräsident. Der Namensgeber der Firma ist nicht mehr im Management vertreten, aber er arbeitet «immer noch am experimentellen Auto, das nie wirklich in Produktion gehen sollte.»[24]

Erste Prototypen aus Detroit

Das Team, das Louis Chevrolet im Frühjahr 1911 in Detroit zusammengetrommelt hat, besteht aus Mechanikern, Maschinisten und Ingenieuren, die sich bislang vor allem mit teuren und schnellen Autos beschäftigt haben. Sie entwickeln in der kleinen Werkstatt an der Grand River Avenue neue Motoren, und Louis macht seinen Marquette-Buick-Rennwagen für den Grand Prix von Paris bereit. Durant sagt die Teilnahme jedoch ab und konzentriert seine finanziellen Mittel auf die Gründung der neuen Autofirma.

Unklar ist, mit welchem Wagen Louis Chevrolet am frühen Samstagmorgen vom 3. Juni 1911 auf der Grand River Avenue eine Testfahrt unternimmt. Gemäss Zeitungsberichten erreicht der Fahrer eine Geschwindigkeit von rund 110 Meilen pro Stunde (umgerechnet 177 km pro Stunde). Ein derartiges Tempo kann kein herkömmliches Auto erreichen, dafür wäre ein potenter Rennmotor nötig. Hat Louis seinen Marquette-Buick, den er ursprünglich für den französischen Grand Prix bereitgemacht hat, testgefahren oder hat er einen neuen, schnelllaufenden Vierzylindermotor ausprobiert? Die kleine Testfahrt um vier Uhr morgens hat zumindest Folgen: «Der heftige Auspufflärm weckte die Bauern auf. Ein Polizist hob einige Holzstämme auf die Strasse und stoppte ihn (Louis Chevrolet)», berichtet das «Flint Daily Journal» am Montag, dem 5. Juni. Der Rennfahrer muss eine Busse bezahlen, nicht nur wegen zu schnellen Fahrens, sondern auch weil er sich für den berühmten Rennfahrer ausgegeben habe.

Am 20. Juli 1911, kurz vor dem Bezug der Fabrik am West Grand Boulevard, erklärt Chevrolet-Chef William H. Little gegenüber «Motorworld», er wolle zum neuen Chevrolet-Automobil noch keine Einzelheiten nennen. Aber er macht klar, es werde generell mit den GM-Fahrzeugen in Konkurrenz treten, und es werde «wirklich ein neues Feld erobern». Das macht die Absicht des Managements deut-

Auf den Strassen von Detroit mit einem Prototypen des Classic Six unterwegs: Louis Chevrolet sitzt am Steuer und wird von Durants Sekretär begleitet.

lich, einen preisgünstigen Wagen für den Massenmarkt zu bauen, denn GM produziert mit Buick und Cadillac Autos auf mittlerem bis hohem Preisniveau.

Nach dem Umzug an den West Grand Boulevard beginnt das Entwicklungsteam um Louis Chevrolet mit ersten Entwürfen für alltagstaugliche Automobile. Im Vordergrund stehen ein grosser Sechs-Zylinder-Tourenwagen und der «Little Four Runabout». Von Letzterem wird ein erstes Produktionsmuster am 9. November 1911 express per Eisenbahn nach Flint transportiert.[25] Um Little Motors in Schwung zu bringen, holt William Durant seinen früheren Geschäftspartner, Alexander Brownell Cullen Hardy, ins Boot. Hardy, ein versierter Automobilmanager, verlässt GM, weil er dort seinen Traum, die Massenproduktion eines kleinen Wagens, nicht realisieren kann.[26]

Der neue Prototyp für Little Motors kommt gerade recht. Hardy übernimmt am 1. Januar 1912 von William Little die Führung der jungen Autofirma. Im April 1912 beginnt die Produktion des neuen Vier-Zylinder-Wagens, und er verkauft sich im mittlerweile autohungrigen Amerika gut. Von 1912 bis Mitte 1913 werden in den Flint Wagon Works insgesamt 2999 «Little Fours» gebaut. Das Auto hat mit sei-

Das Team von Louis Chevrolet entwickelt 1911 den «Little Four Runabout», einen leichten, tiefpreisigen Wagen, der 1912 in Flint in Produktion geht, fast ein ganzes Jahr vor dem Classic Six. Im Bild ein 1913 gebauter Little Four.

nen 20 PS allerdings einen viel zu schwachen Motor und wird sich als nicht sehr robust erweisen. Es hält weniger als 25 000 Meilen, wie Durant später einräumt.

In Detroit arbeiten Louis Chevrolet und sein Entwicklungsteam inzwischen seit dem Sommer 1911 am vergleichsweise hochwertigen Chevrolet Six, einem stolzen Tourenwagen mit Sechs-Zylinder-Motor. Die Firma verliert allerdings wegen «endloser Experimente» Geld, und die Kreditwürdigkeit erreicht ein solches Niveau, dass die Einkäufe zeitweise nur noch über die Schwesterfirma in Flint getätigt werden können.[27]

Ein erster, bis Juni 1912 fertiggestellter Prototyp sieht zwar gut aus, ist aber nicht produktionsfähig. Weitere Prototypen folgten. Am 15. Dezember 1912 wird das erste Chevrolet-Modell endlich in Detroit der Öffentlichkeit präsentiert. Die Medien sind des Lobes voll. Das neue Auto verkörpere eine Reihe ungewöhnlicher Konstruktionsideen, die auf ausländische Einflüsse hindeuteten, schreibt ein begeisterter Reporter am 19. Dezember in «Motor World». Das erste Produkt der Chevrolet Motor Company sei nach mehr als einjähriger Vorberei-

Nach anderthalbjähriger Entwicklungszeit wird der Classic Six erst Ende 1912 der Öffentlichkeit vorgestellt. Der hochwertige Tourenwagen verfügt von Anfang an über elektrische Lichter und über einen automatischen Anlasser.

tung jetzt vertriebsbereit. Effektiv hat das Team um Louis Chevrolet mindestens eineinhalb Jahre gebraucht, um ein Produktionsmodell zu entwickeln.

Nach einer Testfahrt mit Louis Chevrolet schwärmt der Reporter von der Ruhe und von den fehlenden Vibrationen. Diese Eigenschaften sind der ausgewuchteten Kurbelwelle zu verdanken. «Es machte keinen Unterschied, ob man mit 2 oder mit 55 Meilen (gut 88 km) pro Stunde unterwegs war.» In der Werkstatt kann der Motor bis auf die Höchstdrehzahl gebracht werden, ohne das Wasserglas zu verschütten, das auf dem Kühlerdeckel platziert ist. Der «Motor World»-Reporter vermittelt den Eindruck von einem Automobil, das keine Wünsche offen lässt.

Der Tourenwagen verfügt über einige Innovationen wie zum Beispiel über einen druckluftgetriebenen Anlasser. Er wird kurze Zeit später durch einen elektrischen Anlasser ersetzt. Elektrische Lampen sind Standard. Ein Motor mit 299 cui. Volumen (ca. 4,9 Liter) bewegt den Sechssitzer über ein Dreiganggetriebe vorwärts. «Es ist sicher ein wunderbares Auto und ein bemerkenswerter Sechszylinder», hält

Eine Verkaufsbroschüre von Ende 1912 bewirbt den «Little Four» sowie den «Little Six» und den «Chevrolet Type C», die beide ab Januar 1913 in Flint und Detroit produziert werden.

der New Yorker Autojournalist John C. Wetmore nach seinem Besuch in Detroit fest.

Der Chevrolet Type C wird in zwei Varianten angeboten, mit einem 40-PS-Motor für 1950 Dollar und mit einem 50-PS-Motor für 2100 Dollar. Lieferbar ist der neue Type C oder Big Six ab dem 2. Januar 1913, gleichzeitig mit dem neuen Little Six, der in Flint produziert wird. Der Chevrolet Six, offiziell Type C Classic Six genannt, wird sich am Markt nicht durchsetzen. Ein Grund dafür ist wohl der hohe Preis, der im Modelljahr 1914 auf 2500 US-Dollar angehoben wird. Vom grossen Tourenwagen werden einige Hundert Exemplare gebaut, davon die meisten in Flint und weniger als hundert in Detroit.[28]

Chevrolet Motor Company übernimmt die Führung

Im April 1912, als die Little Motor Company erst gerade mit der Produktion des kleinen Vierzylinders beginnt und als Louis Chevrolet noch tief in der Entwicklung des ersten Chevrolet-Six-Prototypen steckt, bringt Durant neue Bewegung in sein fast unüberschaubares Netz von Firmen und Beteiligungen. Der Financier hat in aller Stille die Republic Motors of Delaware organisiert. Sie wird mit einem Aktienkapital von 65 Millionen US-Dollar die Muttergesellschaft von zehn Firmen in verschiedenen Bundesstaaten.[29]

Durant sieht die Probleme der Autoindustrie nicht in der Produktion, sondern im Vertrieb, und darum strebt er den Aufbau der Republic Motors an. «Auf dem Weg zum kompletten Glück» baut der Financier praktisch eine neue General Motors auf, die als Holdinggesellschaft für Chevrolet, Little, Mason und weitere Firmen fungieren soll. Finanziell wird Durant von Geschäftsleuten unterstützt, die ihm schon früher bei Buick zur Seite gestanden sind, darunter J. Dallas Dort von der Durant-Dort Carriage Company. Deren Aktionäre zeichnen am 7. September 1912 Chevrolet-Aktien im Wert von 1,225 Millionen US-Dollar oder der Hälfte des Kapitals.

Bereits im Sommer hat Durant bekanntgegeben, dass er Flint als Fabrikationszentrum für seine Unternehmen ausgewählt hat. «Diese Stadt wird künftig die Heimat der Chevrolet Motor Company von Detroit sein, ebenso der Little Motor Car Company und der Mason Motor Company.»[30] Die Marke Chevrolet soll die führende Rolle haben, die Fabrik in Detroit weitergeführt werden, heisst es. Als weitere Tochterfirma unter den Republic-Motors ist Ende August 1912 die Sterling Motor Company gegründet worden, die zunächst Sechs-Zylinder-Motoren für Little, später für Chevrolet baut.

In Flint, Michigan, gut 70 Meilen nordwestlich von Detroit, erwirbt William C. Durant die Flint Wagon Works. Hier werden ab 1912 Automobile statt Pferdefuhrwerke gebaut.

Dass Durant bei Sterling das Präsidium übernimmt, ist eine Neuigkeit. Denn in 26 Jahren geschäftlicher Tätigkeit hat er diese Funktion bei keinem seiner Unternehmen akzeptiert. Sein früherer Partner Dort wird Vizepräsident, William Little designierter Geschäftsführer. Etwa drei Monate später lässt sich Durant zum Präsidenten von Chevrolet ernennen, während Dort und Little Vizepräsidenten werden. Die enge Zusammenarbeit zwischen Durant und Dort hält aber nicht lange. Anfang 1913 trennen sich die Wege der beiden Industriemagnaten, und der grosse Plan für die Republic Motors wird fallengelassen.

Mit seinem Chevrolet-Präsidium unterstreicht der grosse Financier, dass es ihm mit seinen Plänen, einen neuen, erfolgreichen Konzern aufzubauen, ernst ist. Die mit nur 2,5 Millionen US-Dollar kapitalisierte Firma Chevrolet schluckt daraufhin die 65 Millionen schweren Republic Motors, und Durant beschliesst, die Chevrolet-Aktivitäten in Detroit definitiv aufzugeben. Am 4. Juni 1913 folgt die Nachricht von der Übernahme der Little Motor Company durch Chevrolet. Alle bei Little hergestellten Fahrzeuge werden fortan in Chevrolets umbenannt.[31]

Mit der Übernahme von Little Motors ist Chevrolet, rund zwei Jahre nach der Gründung, erstmals im Besitz eines Automobils, das in grösseren Stückzahlen produziert wird und Erträge generiert. Im Sommer 1913 verlassen die letzten Little-Fahrzeuge die Fabriken in Flint. Für das Modelljahr 1914 werden bereits im Herbst die neuen Chevrolets gebaut, der Royal Mail Roadster, der Baby Grand Touring sowie der Light Six. Es sind die ersten Fahrzeuge, die mit dem dazumal blauen Bowtie-Emblem die Fabrik verlassen.

Zigarren statt Zigaretten

Durant hat seine Unternehmungen jetzt so strukturiert, dass er vom absehbaren Aufschwung der Automobilwirtschaft profitieren kann. Er hat das Personal, die Fabriken, die Modelle und eine Verkaufsorganisation. Er will günstige Autos für den Massenmarkt produzieren und er hat den Ehrgeiz, mit seinem neuen Baby «Chevrolet» wieder gross zu werden.

Dieser Wandel geht nicht ohne personelle Veränderungen vonstatten. William H. Little tritt aus allen seinen Funktionen zurück, verlässt die Organisation und erwirbt die Sterling Motors, die in der Chevroletfabrik am West Grand Boulevard in Detroit angesiedelt wird. Im Herbst des Jahres 1913 verabschieden sich zwei weitere Männer. Louis Chevrolet von der Chevrolet Motor Company und Ted Johnston von der Republic Motor Company, die in Michigan als Verkaufsorganisation für Chevrolet- und Little-Fahrzeuge dient. Der Kommentar der Branchenpresse ist eindeutig: «Das bringt, nach der Resignation von William H. Little, einen radikalen Wechsel ins Umfeld von William C. Durant».[32]

Louis Chevrolets Abschied von der Firma, die seinen Namen trägt, hat sich abgezeichnet. Schon kurz nachdem der Rennfahrer und

Konstrukteur im Frühjahr 1911 seine kleine Sport- und Rennwagenschmiede in Detroit eröffnet hat, macht die geschäftliche Logik des William C. Durant einen Strich durch Louis' Rechnung. Ein neuer Chef wird ihm vor die Nase gesetzt, und die neue Firma wird auf die Entwicklung und Herstellung von günstigen Automobilen ausgerichtet. Das hat nicht mehr viel mit dem ursprünglichen Plan gemein, und Louis beginnt, sich nach neuen geschäftlichen Perspektiven umzuschauen.

Darin bestärkt ihn auch die dauernde Nörgelei an seinen Rauchergewohnheiten. «Durant hat ihn bei praktisch jeder Unterhaltung aufgefordert, sich wie ein Geschäftsmann zu benehmen und Zigarren statt Zigaretten zu rauchen.»[33] Es sei aber nicht so sehr das Rauchen gewesen, sondern die Art, wie es Louis getan habe, erinnert sich später Durants Witwe Catherine. «Louis pflegte, die Zigarette auf seiner Unterlippe hängen zu lassen. Diese Gewohnheit hat Willie bis zu Tränen geärgert.»

Der Zigarettenraucher hat genug von diesen Auseinandersetzungen und sagt eines Tages: «Ich habe Ihnen mein Auto und meinen Namen verkauft, aber ich werde mich nicht verkaufen. Ich werde meine Zigaretten so oft rauchen, wie ich will, und ich gehe.»[34] Louis und Arthur sind beide als Aktionäre in der Chevrolet Motor Company engagiert. Sie halten 100 respektive 20 Aktien der Firma. Während Arthur seine Anstellung bis ins Jahr 1914 behält, verlassen Little und Louis Chevrolet ihre Positionen und verkaufen später auch ihre Aktienanteile.

Den Kontakt zur Rennszene hat Louis inzwischen immer aufrechterhalten. Am 30. Mai 1912 ist Louis Chevrolet unter den 75 000 Besuchern, die aus aller Welt kommen, um das zweite grosse Indianapolis-500-Rennen zu erleben. Die «Detroit Free Press» berichtet am 31. Mai: «Louis Chevrolet, das frühere Geschwindigkeitswunder und

Ein nachdenklicher Louis Chevrolet bei einem Autorennen. Die Zigarette gehört zu seinem Markenzeichen und wird für seinen Geschäftspartner William C. Durant aber zum Ärgernis.

jetzt ein Detroiter Hersteller, konnte sich nicht von den Pits fernhalten. Er vertrat zwar keine direkten Geschäftsinteressen, half aber da und dort mit Ratschlägen.»

Das Indy-500-Rennen vom 30. Mai 1913 gewinnt das französische Peugeot-Rennteam. Eingesetzt wird ein neuartiger Motor mit doppelter obenliegender Nockenwelle und vier Ventilen pro Zylinder, eine Entwicklung des Schweizers Ernest Henry.[35] Auf einer zweimonatigen Europareise im Juli und August 1913 hat Louis Gelegenheit, den französischen Grand Prix vom 12. Juli in Amiens zu besuchen und einen tieferen Eindruck von diesen Motoren zu gewinnen. Nach seiner Rückkehr, noch bevor er Anfang September die Firma Chevrolet verlässt, erklärt der Rennveteran gegenüber der Presse, er sei bei seinem Besuch in Frankreich versucht gewesen, an eine Rückkehr in den Rennzirkus zu denken.

Von Frontenacs und Fronty-Fords

In seinen Jahren bei Buick wird Louis Chevrolet als Rennfahrer genauso geschätzt wie als Mechaniker und als Konstrukteur. Auch öffentlich werden seine Qualitäten hoch gelobt: «Dieser Mann weiss wahrscheinlich so viel über die Maschinen wie kaum ein anderer Mann im Automobilgeschäft. Wenn er nicht gerade Rennen fährt oder Autos präsentiert, tüftelt er in der Fabrik an der Mechanik, die die Automobile antreibt. Er verbessert sie stetig, nimmt da und dort kleine Veränderungen vor, um den Wert der Autos zu erhöhen.»[36]

Louis lässt sich zwar, nach einigen Wirren um seine Aktivitäten mit der kleinen Rennschmiede in Detroit, in das undurchsichtige Firmennetz von Durant einbinden. Doch schon 1910, als Louis noch bei Buick Rennen fährt, weiss er, dass er nicht der Mann fürs Büro ist: «Ich könnte nicht an einem Schreibtisch sitzen, es sei denn, dieser hätte Reifen und einen Motor. Ich bin es gewohnt, schnell zu fahren und die Welt unter den Rädern meines Autos vorbeiziehen zu sehen. Es wäre für mich, wie wenn man einen freilebenden Vogel in einen Käfig einsperren würde.»

Nach seinem Ausscheiden bei Chevrolet kann sich Louis wieder voll und ganz seiner grossen Rennleidenschaft widmen. 1914 gründet der Autopionier in Detroit die Frontenac Motor Corporation als Basis für seine künftigen Aktivitäten im Renngeschäft. Er ist Präsident, Sekretär und Finanzchef ist Joseph Boyer Jr., Teilhaber der Springfield Metal Body Co., Vizepräsident Victor R. Heftler, Präsident der Zenith Carburetor Co. Am neuen Unternehmen ist auch William Small, ein Chevrolet-Händler aus Indianapolis, beteiligt. Erneut greift Louis auf die Dienste seines Freundes Etienne Planche zurück. Sie beginnen, nach dem Vorbild der schnelllaufenden französischen Peugeot-Motoren, einen eigenen Motor zu entwickeln.

Als finanzieller Sponsor, nicht aber als Aktionär unterstützt ein gewisser Albert Champion die neue Firma. Der Franzose hat seit 1908 in Flint eine Zündkerzenfabrikation erfolgreich aufgebaut.[37] Ihn und Louis verbinden einige Gemeinsamkeiten. Die beiden Männer sind im selben Jahr geboren, haben in Frankreich Velorennen bestritten und sind in Amerika in die Automobilindustrie eingestiegen. Die neue Partnerschaft hält aber nicht lange. Als sich Louis Chevrolet eines Tages völlig ungerecht behandelt fühlt, geht sein Temperament mit ihm durch. Er stürmt in Champions Büro, schlägt wild auf seinen Freund ein und erklärt ihm, er solle ihm nie wieder in die Quere kommen.

Seine Verbindungen zur Firma Chevrolet hat Louis indessen nicht ganz abreissen lassen – sein Bruder Arthur arbeitet 1914 noch beim Unternehmen, und beide haben schon seit 1913 gute Beziehungen zu William Small aufgebaut, der im Bundesstaat Indiana die Vertriebsrechte für Chevrolet-Fahrzeuge hat. Es kommt, nach dem Bruch mit Champion, zu einem neuen Kontakt zwischen Louis und seinem früheren Arbeitgeber.

In New York hat William Durant inzwischen genügend Mittel aufgebracht, um ein Rennteam auf die Beine zu stellen. Louis unterstützt dieses Team dabei, die neuen Chevy-Rennwagen für ihren Einsatz bereitzumachen.[38] Sie sind auf einem Royal-Mail-Chassis aufgebaut, verfügen über einen Vierzylindermotor mit 198 Cui. (3,2 Liter) Volumen und werden für 1250 US-Dollar angeboten. Bereits am 300-Meilen-Rennen vom 4. Juli 1914 in Sioux-City kommen die neuen Wagen zum Einsatz, und am «Brighton Beach Labor Day Sweepstakes» vom 7. September ergattern die neuen Chevy-Rennwagen einen ersten Sieg.

Die ersten Chevrolet-Rennwagen werden 1914 gebaut, mit Hilfe von Louis Chevrolet, der ein Jahr zuvor die Firma verlassen hat. Das undatierte Bild zeigt einen der leichten Vierzylinder im Einsatz. Deutlich erkennbar ist das grosse Chevy-Logo auf dem Benzintank.

Die Brüder Chevrolet treten auch auf Rennstrecken wieder in Erscheinung. Bei einem Hill Climbing Event von Anfang Oktober in Newport, Indiana, gewinnt William Small mit seinem Team sechs Trophäen. Der Erfolg der kleinen Chevies freut Small und die Chevrolet-Brüder, und Small darf ein Glückwunschtelegramm von Chevrolet-Vertretern aus Flint entgegennehmen. Louis überlässt das Fahren seinem Bruder Arthur und wird in einem Zeitungsbericht mit folgenden Worten zitiert: «Wir sind über den Auftritt der Chevrolet-Autos erfreut. Unser Motor verfügt über einen Zylinderinhalt von 198,8 Cui., dennoch konnten wir es mit viel grösseren Motoren aufnehmen.»

Seit seinem Unfall beim Vanderbilt-Cup von 1910 hat Louis kein Rennen mehr bestritten, und er lässt sich vorläufig nicht mehr auf die Rennstrecke locken. Erst Cliff Durant, der Sohn des Chevrolet-Präsidenten, hat Erfolg. Er überzeugt den knapp 36-jährigen Veteranen, an einem prestigeträchtigen Anlass teilzunehmen. Louis' Anmeldung zum Los-Angeles-Phoenix-Rennen, dem «Cactus Derby» im November 1914, wird zunächst als Sensation aufgenommen. Später heisst es, Louis setze sich damit über eine Tradition hinweg, denn noch nie habe ein Fahrer aus dem Osten der USA an diesem Strassenrennen teilgenommen, geschweige denn gewonnen.

Louis gibt sich selbstbewusst. Er will vor allem gegen seinen alten Widersacher Barney Oldfield antreten. Die Ehre ist ihm wichtiger als das

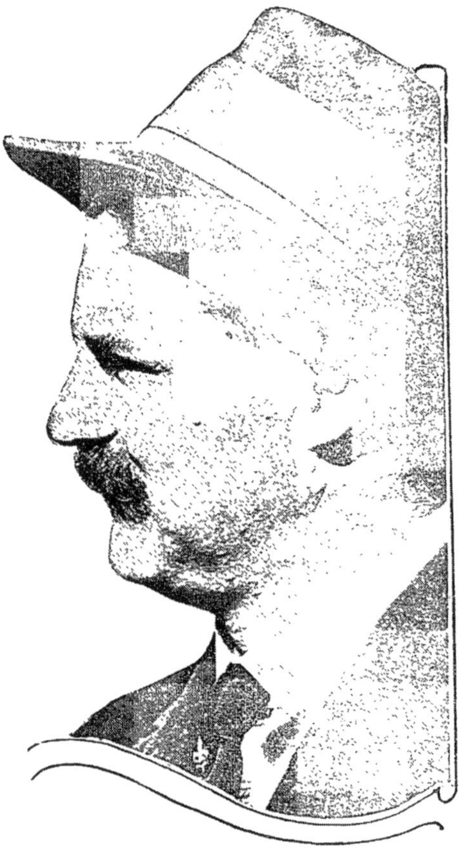

Louis Chevrolet,

The famous French driver, who is coming back in the Los Angeles-Phoenix road race, which starts next Monday morning. Chevrolet is to be at the wheel of a Chevrolet car.

CHEVROLET PROMISES AN UPSET.

TRADITIONS OF RACE DEFIED.

NO EASTERN DRIVER EVER WON PHOENIX RACE—CHEVROLET SAYS HE WILL.

BY AL G. WADDELL.

Never has an eastern driver made a showing in the Los Angeles-to-Phoenix road race. The Cactus Derby has always been a westerner's race, won by westerners; but Louis Chevrolet defies traditions. The famous Frenchman says he will carry off the honors next week and win the title of "master driver of the world" with his Chevrolet racer.

Chevrolet returned yesterday from a trial run out on the course. Leaving Sunday morning, the Frenchman went as far as Needles. He encountered rain on the course, and returned to this city without going on to Phoenix. He believes that he knows the course as far as Needles, and will trust to luck on the rest of the desert trail, if it is impossible for him to get over the route again before the start.

ROADSTER BODY.

The car which Chevrolet is to drive is a stock model Chevrolet roadster. When he started out on the course, no especial preparation had been made for the run, and the car carried the roadster body which Chevrolet says he will use in the contest. The fenders and runningboards are to be stripped off and the body lashed down, but otherwise there will be little done to the machine.

Barney Oldfield paid a copliment to his old-time rival yesterday when he said that Chevrolet could get more speed out of a car than any other man in the racing game, according to his way of thinking. Oldfield said that Chevrolet was a master of the mechanical art and that was alone enough to make him a dangerous contender in the Phoenix grind, even if he was not an expert desert driver and did not know the course as well as the westerners

Billy Carlson, the pilot of the Maxwell "25," is due to arrive in this city today after a round trip over the course. Accompanied by his mechanic, Dominic Basso, Carlson made the run to Phoenix in a Maxwell "25" touring car in fast time, returning slowly for the purpose of studying road conditions and mapping the campaign of the desert highway.

UNDER THE WEATHER.

On the return journey, Carlson was deserted by Basso, who was taken ill and returned on the train. The mechanic claims that he will be in condition again before the start, and will be in the relief driver's seat when George Adair sends the Maxwell No. 7 away from the line Monday morning.

Carlson's car has arrived from the factory and will be prepared for the race during the next four days. After the machine is pronounced O.K., it will be driven out through the Cajon Pass and over the desert to Victorville the day before the race. This will be the only test that the Maxwell "25" will get before the start

Greenwood and Kincaid returned to this city yesterday after a strenuous session on the Cactus Derby trail. The crew of the Kincaid special will devote the rest of the time before the race to the final adjustments and groomings of their machine.

The KisselKar crew, Anderson and Yeager, returned from Phoenix Monday evening. They reported heavy rains in Northern Arizona, but said that the course will be better for the drenching if the weather continues to be fair.

George Hill has completed the final slicking down of the Stutz to be driven by Barney Oldfield. The car is just the same as when it appeared on the Indianapolis Speedway with the exception of an auxiliary water tank, a few extra straps and a tire rack on the side.

Barney is to drive on wire wheels, and only two extras are to be carted. One wheel is lashed to the side rack and the other is on the rear. No lights are carried on Barney's car. The veteran says that he will be into all the controls before dark unless he goes in the ditch, and, if he does flop some place along the route, all the lights in the world will not put him back in the running.

The three Metz racers arrived from

(Continued on Fourth Page.)

Preisgeld, denn es geht um den Titel «master driver of the world». Oldfield hat Respekt vor seinem Gegner und sagt, dieser könne höhere Geschwindigkeiten als jeder andere Mann aus einem Auto herausholen. Chevrolet sei ein Meister der mechanischen Kunst, und das allein mache ihn zu einem gefährlichen Herausforderer, auch wenn er kein erfahrener Wüstenfahrer sei und die Strecke nicht so gut kenne wie die Leute aus dem Westen.[39]

Als Fahrzeug steht dem «berühmten französischen Fahrer» ein serienmässiger Chevrolet Roadster zur Verfügung.[40] Dessen Kotflügel und Trittbretter werden entfernt, die Karosserie festgezurrt. Davon abgesehen wird die Maschine kaum abgeändert. Wenige Tage vor dem Rennen unternimmt Louis eine erste Probefahrt. Auf der 696 Meilen langen, gewundenen Strecke kommt er wegen Regens aber nur bis nach Needles und überwindet damit eine Distanz von rund 300 Meilen.[41]

20 Wagen treten am 9. November zur dreitägigen Tour durch die Wüste an. Oldfield muss in der ersten Etappe einen harten Kampf mit Cliff Durant auf Chevrolet und mit Olin Davis auf Simplex bestehen, setzt sich am Ende des Tages aber mit einem Vorsprung von sechs Minuten an die Spitze. Louis startet als Letzter und überholt mit seinem Chevrolet Roadster Auto um Auto, bis er hinter dem Simplex liegt und dort bleibt. «Meile für Meile trieben zwei Staubwolken durch die Wüste, aber die kleinere Wolke, angeführt von einem kleinen, grauen Auto, konnte die grössere, rote Maschine nicht überholen, die eine knappe halbe Meile im Vorsprung lag.»[42]

Später erschweren Regen, Schneeregen und Schlamm das Vorwärtskommen. Das raue Terrain fordert seinen Tribut. Nur 8 von 20 Wagen schaffen es bis ins Ziel. Louis' Fahrzeug fällt am zweiten Tag aus, nachdem seine Helfer den Treibstofftank fälschlicherweise mit fünf Gallonen Wasser statt mit Benzin aufgefüllt haben. Teamkollege Cliff Du-

In einem Chevrolet-Rennwagen will Louis Chevrolet im Herbst 1914 am Cactus Derby teilnehmen. Er sorgt damit für eine Kontroverse, zumindest in den Spalten der Los Angeles Times.

rant ersetzt seinen Mechaniker durch Louis Chevrolet und erreicht mit ihm schliesslich den vierten Rang. Barney Oldfield wird auf seinem Stutz-Rennwagen der grosse Sieger und gewinnt damit den begehrten Titel des «Meisterfahrers der Welt».

Nach dem harten Wüstenrennen arbeitet Louis weiter an seinen neuen Frontenac-Rennwagen. Das Team lenkt seine Aufmerksamkeit aber bald auf ein besonderes Projekt. Die Blood Brothers Machine Co. aus Allegan, Michigan, hat um Unterstützung angefragt. Der Cornelian, ein Personenwagen mit revolutionären Merkmalen, soll durch die Teilnahme am 500-Meilen-Rennen von Indianapolis bekanntgemacht werden, mit Louis als Teamchef und Fahrer.

Schon 1912 haben die Blood Brothers begonnen, den ungewöhnlich fortschrittlichen Cornelian Roadster zu bauen. Er verfügt über eine Einzelradaufhängung, über eine selbsttragende Karosserie und bringt mit dem kleinen Sterling-Vierzylindermotor nur gerade knapp 1000 Pfund (weniger als 500 Kilogramm) auf die Waage. Louis und sein Team modifizieren den Wagen, der schon ein erstes 100-Meilen-Rennen hinter sich hat, für Rennzwecke. Ein keilförmiger Schwanz werden angeschweisst, übergrosse Räder montiert, der Motor von 95 auf 116 cui. (von 1,6 auf 1,9 Liter) vergrössert und die Zylinderköpfe so bearbeitet, dass sie zwei Vergaser aufnehmen können.

Mit diesem eigenartigen Fahrzeug, wie es von der Presse angekündigt wird, will Louis zum 500-Meilen-Rennen vom 31. Mai 1915 antreten. «Die Motorsportszene fragt sich, was Chevrolet mit diesem Wagen im Wettkampf anstellen wird.»[43] Das Rennteam ist gut vorbereitet, und der Cornelian qualifiziert sich als erster Rennwagen. Joseph Boyer, Louis' Ersatzfahrer, erreicht auf vier Runden eine Durchschnittsgeschwindigkeit von 81,1 Meilen (130 km) pro Stunde.

Der leichte Cornelian mit selbsttragender Karosserie wird 1915 von Louis Chevrolet renntauglich gemacht. Für das Erinnerungsfoto posieren auch seine Brüder Gaston (rechts) und Arthur (Zweiter von rechts).

Sollte der Cornelian in der Lage sein, die 500-Meilen-Tortur ohne Stopps für Benzin, Öl oder Reifenwechsel zu absolvieren, könnte es «Chevrolets wunderbares kleines Auto» mit den grössten Rennwagen aufnehmen. Doch ein gebrochenes Ventil sorgt in der 77. Runde und nach gut 190 Meilen für das Aus. Auch kommerziell ist dem Auto keine Zukunft beschieden. Nur gerade 100 Exemplare des Cornelian werden gebaut.

Sein Talent als Rennfahrer bestätigt Louis, als er am 26. Juni 1915 beim 500-Meilen Eröffnungsrennen auf Chicagos neuer holzbeplankten Rennstrecke auf Delage einen siebten Platz erreicht. An seinem Comeback mit eigenen Konstruktionen arbeitet der Immigrant, der inzwischen amerikanischer Staatsbürger geworden ist, ernsthaft weiter. Nach weiteren Rennen kommt er zum Schluss, dass er es sehr wohl mit den jüngeren Stars der Rennszene aufnehmen kann, sofern er über einen Wagen verfügt, der genügend schnell und stabil ist.[44]

Aluminiummotoren mit Vierventiltechnik zeichnen die Frontenac-Rennwagen von 1916 aus. Die obenliegende Nockenwelle (unteres Foto) wird über ein Kegelzahnrad angetrieben.

Ende 1915 sind die neuen Frontenac-Rennwagen bereit, und erste Testfahrten auf dem Indianapolis Speedway sind vielversprechend. Die drei Wagen erreichen eine Durchschnittsgeschwindigkeit von über 100 Meilen (161 km) pro Stunde, obwohl die Rennpiste mit Eis bedeckt ist und die Wagen deshalb nicht auf volle Geschwindigkeit gebracht werden können. In der bevorstehenden Rennsaison von 1916 will Louis zusammen mit seinen Brüdern Arthur und Gaston antreten, um zu beweisen, was in den neuen Frontenacs steckt. Im Vordergrund steht das 300-Meilen-Rennen vom 30. Mai in Indianapolis, das Preisgelder von insgesamt 30 000 US-Dollar verspricht.

Weniger amerikanische Fahrzeuge als je zuvor haben sich für diesen grossen Rennanlass angemeldet. Eine Reihe ausländischer Wagen wird importiert, und eine neue Ära des sogenannten Interspeedway-Racing kündigt sich an. Das heisst, Speedways formieren eigene Teams. In Indianapolis sind es zwei, die mit zwei Peugeots, drei Premier Specials und vier Maxwells antreten wollen. Wenige Tage vor dem grossen Rennen gibt die Motorpresse einen detaillierten Überblick über die Rennwagen, die für die Rennsaison 1916 bereitstehen. Ausgiebig werden die drei Frontenacs gewürdigt:

«Louis Chevrolet ist der Designer, und er hat drei bewundernswerte Wagen gebaut. Bei der Konstruktion wurde mehr Aluminium verwendet als je bei einem Auto zuvor. Jedes denkbare Bauteil, das aus diesem Material gefertigt werden konnte, hat seinen Platz in diesen Frontenacs. Ein überraschend geringes Gewicht von circa 1750 Pfund (794 kg) ist das Resultat. Auch der Motor ist fast gänzlich aus Aluminium, die Zylinder, die Kolben, das Motorgehäuse, der Ansaugkrümmer, die Nockenwellen- und Getriebedeckel, die Wasserpumpe, die Ölpumpen und auch weniger wichtige Bauteile sind aus dem Metall.»[45]

Die Liste lässt sich weiter verlängern. Aluminiumbleche hat Louis Chevrolet für die Karosserie mit dem zigarrenähnlichen Heck verwendet, auch die wichtigsten Teile der Hinterachse sind aus dem leichten Material gegossen, ebenso die Wanne für den Unterboden. Eine weitere Innovation ist das flexible Steuerrad, das die Arme und Handgelenke des Fahrers vor Vibrationen schützt. Zwei längliche Benzintanks sind unterhalb des Rahmens neben dem Getriebe und der Antriebswelle eingebaut. Diese Anordnung verbessert die Gewichtsverteilung und senkt den Schwerpunkt.

Die bahnbrechenden Frontenacs sind 500 Pfund oder 227 Kilogramm leichter als ihre Konkurrenten. Der 300-cui.-Motor (4,9 Liter) mit einer einfachen obliegenden Nockenwelle und vier Ventilen pro Zylinder leistet zwischen 135 und 140 PS. Louis und Arthur qualifizieren sich für das grosse Indianapolis-Rennen vom 30. Mai. Beim ersten Renneinsatz der neuartigen Rennboliden treten jedoch technische Probleme auf. Arthur scheidet in der 35. Runde, Louis in der

Zwischen 1916 und 1919 tritt Louis Chevrolet mit seinem eigenen Rennwagen, dem Frontenac, zu zahlreichen Rennen an. Diese Aufnahme von 1919 in Indianapolis zeigt den stromlinienförmigen Wagen, der mit einem Aluminiummotor und weiteren Leichtbauteilen ausgerüstet ist.

82. Runde aus. Auch aus dem Rennen vom 4. Juli auf dem Twin City Motor Speedway in Minneapolis scheidet Louis vorzeitig aus, ebenso aus dem ersten «International Sweepstakes» vom 4. September in Cincinnati. Doch ein Anfang ist gemacht, und der Name Frontenac wird bald Renngeschichte schreiben.

Bevor Louis seine eigenen Rennwagen erneut einsetzt, sorgt er auf einem britischen Sunbeam für Furore. Zusammen mit dem Teamkollegen Josef Christiaens erreicht der Konstrukteur bei der Qualifikation auf der Sheepshead-Bay-Rennstrecke am 28. September 1916 einen inoffiziellen Rekord von 115 Meilen (185 km) pro Stunde. Das 250-Meilen-Rennen vom 30. September um den Astor Cup muss Louis jedoch wegen eines Öllecks vorzeitig beenden.

Im April 1917 treten die USA in den Ersten Weltkrieg ein, und Louis Chevrolet zieht für ein geschäftliches Engagement an die Ostküste um. Die Indianapolis-Rennen werden für zwei Jahre ausgesetzt, doch 22 Rennen im laufenden und 16 mehr im folgenden Jahr halten das motorsportbegeisterte Amerika bei Laune. Die Gebrüder Chevrolet finden genügend Gelegenheiten, um ihre Fahrkünste und vor allem die Qualitäten ihrer neuen Rennwagen zu beweisen. Schauplatz für einen ersten Triumph ist die neue Rennstrecke von Sharonville bei Cincinnati, Ohio, 120 Meilen südöstlich von Indianapolis.

Am 30. Mai 1917 starten drei Frontenacs ins 250-Meilen-Rennen. Louis und Gaston dominieren das Rennen von Anfang an und stürmen vor über 50 000 Zuschauern auf den ersten respektive den zweiten Platz, mit nur wenigen Sekunden Abstand. Louis, dessen extrem brillianter Fahrstil gelobt wird,[46] setzt mit einer Durchschnittsgeschwindigkeit von 102,18 Meilen (164 km) pro Stunde einen neuen Streckenrekord und kommt damit nahe an den bisherigen Weltrekord heran. Der Sieger trägt ein Preisgeld von 12 500 Dollar nach Hause.

In New York gewinnt Louis Chevrolet 1917 souverän die Harkness-Trophäe. Er legt die 100 Meilen in gut 54 Minuten zurück und erreicht eine Durchschnittsgeschwindigkeit von 179 Kilometern pro Stunde.

Die begehrte Harkness-Gold-Trophäe ergattert Louis im Herbst 1917 auf der Sheepshead-Bay-Rennstrecke in New York. Auf der früheren Pferderennbahn, die mit Brettern ausgelegt und erstmals 1915 für Autorennzwecke eingesetzt worden ist, legt der Frontenac-Fahrer eine neue Bestmarke vor. In einer Rekordzeit von 54 Minuten und knapp 21 Sekunden und ohne Boxenstopp donnert Louis mit einer Durchschnittsgeschwindigkeit von 111 Meilen (knapp 179 km) pro Stunde über die Distanz von 100 Meilen.[47]

Nach erfolgreichen Rennen in Cincinnati, New York und Chicago wird Louis als grösster Gewinner der Rennsaison 1917 bezeichnet, und vor dem Hintergrund des fortdauernden Weltkrieges kommen patriotische Gefühle auf. Louis Chevrolet sei schon so lange in diesem Land, dass er als Amerikaner angeschaut werde, schreibt die «New York Times»:

«Seine Triumphe der letzten Saison brachten Amerika den Meistertitel zurück, nachdem dieser zwei Jahre lang von Ausländern gehalten worden war. In seinen letzten Rennen fuhr Chevrolet einen von ihm entworfenen Wagen, den er mit seinen eigenen Händen in Amerika aus amerikanischen Materialien gebaut hat.»[48]

Auch 1918 wird Louis Teilnahme am Sheepshead Bay-Rennen erwartet. Er wird am 1. Juni siebter, sein grosser Konkurrent vom Vorjahr, Ralph DePalma auf seinem 12-Zylinder-Packard, holt die Trophäe, erreicht aber bei Weitem nicht die vom Frontenac-Fahrer im Vorjahr aufgestellte Rekordzeit. Weitere Erfolge stellen sich ein. Am 22. Juni gewinnt Louis das 100-Meilen-Handicap im vierten, jährlichen Chicago-Derby und bricht den von DePalma zwei Jahre zuvor auf Peugeot aufgestellten Streckenrekord. Ralph Mulford, ebenfalls auf Frontenac, wird Zweiter.[49]

Souverän absolviert der Frontenac-Teamchef auch das Derby vom 18. Juli in Uniontown, Pennsylvania. Das 112,5-Meilen-Rennen ist ein typisches Beispiel für Louis' Beharrlichkeit, für seinen Kampf gegen alle Hindernisse. Zweimal fällt er wegen Reifenwechsels zurück, zweimal holt er wieder auf, setzt sich an die Spitze und gewinnt mit einem Abstand von einer Runde auf den Zweitplatzierten. Die Motorpresse hält fest:

«Louis Chevrolets Grundsatz, nie aufzugeben, bis die Zielflagge vor einem anderen Fahrer niedergeht, verbunden mit spektakulärem Fahren gegen alle Handicaps, lässt ihn das Derby gewinnen.»[50]

1919 nimmt Indianapolis den Rennbetrieb wieder auf. Das Frontenac-Team qualifiziert vier Wagen für das Rennen vom 31. Mai. Obwohl die

Automobilzulieferer nutzen den Namen Chevrolet für Werbezwecke. Die Kolbenringe der «Double Seal Ring Company» von Chicago haben 1919 den 500-Meilen-Ausdauertest von Indianapolis erfolgreich bestanden, wie diese Zeitungsannonce hervorhebt.

Fahrzeuge seit der Vorkriegszeit kaum weiterentwickelt worden sind, erringt das Team bemerkenswerte Resultate. Louis führt in den Runden 66 bis 74, muss aber unter anderem ein Rad und Achsteile ersetzen. Er erringt, nach einem intensiven Zweikampf mit Ralph DePalma, einen guten siebten Rang und ein Preisgeld von 1800 Dollar. Gaston folgt auf Rang zehn und holt 1400 Dollar. Weniger Glück hat Ralph Mulford, der mit einer gebrochenen Antriebswelle in der 37. Runde das Rennen verlässt. Ein ähnliches Schicksal erleidet Joe Boyer in der 30. Runde mit einem Schaden an einem Hinterrad.

Ihren grössten Erfolg haben die Chevrolet-Brüder noch vor sich. Wieder kommt William Small ins Spiel. Der Unternehmer aus Indianapolis – er hat soeben die Monroe Motor Co. von Flint und Indianapolis akquiriert – will das Indy-500-Rennen von 1920 mit vier Monroes bestreiten. Sie sollen auf den Frontenacs basieren. Ebenso vereinbart Small mit Louis, dass er sein Rennunternehmen von Detroit nach Indianapolis verlegt und dass er auf eigene Rechnung ein zweites Team mit Frontenac-Wagen aufbauen darf.[51]

Bilden ab 1919 ein erfolgreiches Team und werden im amerikanischen Rennsport zum Begriff: Louis Chevrolet und der Ingenieur Cornelius W. Van Ranst konstruieren die Indy-500-Gewinner von 1920 und 1921 und entwickeln die Fronty-Ford-Zylinderköpfe.

Louis holt den Ingenieur Cornelius W. Van Ranst, der früher für die Duesenberg-Brüder gearbeitet hat, als Berater nach Indianapolis. In der Fabrik von William Small entstehen alsbald vier grüne Monroe- und drei Frontenac-Rennwagen, die auf Louis' Wunsch burgunderrot lackiert werden. Van Ranst und der Teamchef entwickeln einen neuen Motor, der mit 183 cui. Zylinderinhalt die neue Rennformel von maximal drei Litern erfüllt.

Louis entscheidet sich für drei wesentliche Verbesserungen: Der Motorblock und die Zylinderköpfe werden in Gusseisen ausgeführt. Die Aluminiumteile haben sich als zu porös und unzuverlässig herausgestellt. Zweitens werden die vier Ventile pro Zylinder neu über eine doppelte, obenliegende Nockenwelle gesteuert. Eine dritte Innovation sind die in Vanadium-Stahl gefertigten Lenkungsarme. Sie helfen,

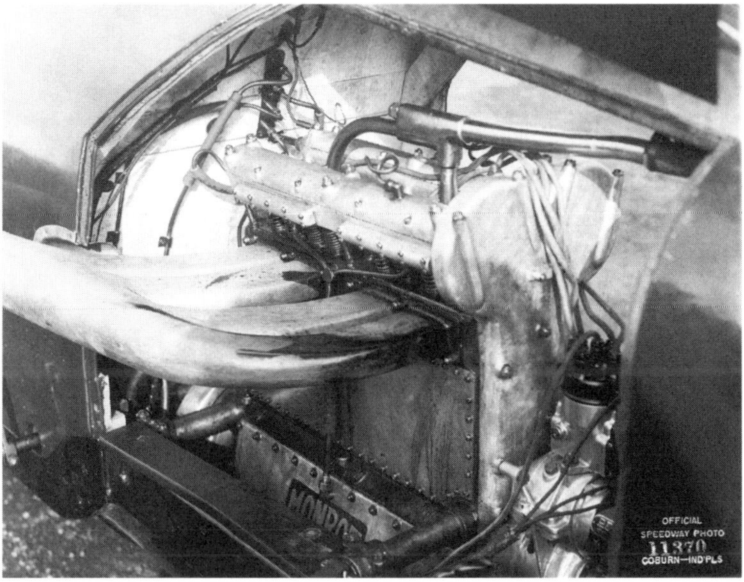

Hat den 500-Meilen-Härtetest am Indianapolis-Rennen von 1920 bestanden: Blick in den Motorraum des siegreichen Monroe-Frontenac-Rennwagens von Gaston Chevrolet.

weiter Gewicht zu reduzieren. Die neuen Bauteile werden jedoch beim Lieferanten aus Zeitmangel nicht hitzebehandelt, was später im Rennen böse Folgen zeitigen wird. Erfolgreich qualifizieren sich die sieben ausgefeilten, amerikanischen Vierzylinder-Rennboliden für den mit Spannung erwarteten Wettkampf. Die schweizerische Automobil-Revue berichtet, wie folgt:

«Zum ersten Mal in seiner Geschichte wurden die Wagen im diesjährigen Indianapolis-Rennen nicht mit der gewohnten Pünktlichkeit vom Start gelassen. Die 23 Konkurrenten standen, in Viererreihen geordnet, auf der Bahn, und ein paar Kanonenschüsse hatten bereits den Start verkündet. […] Die 120 000 Zuschauer befanden sich in höchster Spannung, aber da die übliche photographische Aufnahme noch nicht gemacht worden war, glaubte man, dass es bis zum Start noch einige Minuten dauern würde. Aber plötzlich schoss Barney Oldfield, der Schrittmacher, in einem schreiend gelben Marmon, übers Startband, und hinter ihm gab es ein tolles Gewirr von Rennfahrern.»[52]

Gaston Chevrolet gehörte zu den erfolgreichsten Frontenac-Piloten. Er war seinem Patenonkel Louis nach Amerika und in die Rennfahrerszene gefolgt, starb jedoch 1920 bei einem tragischen Unfall auf der Rennstrecke.

Das 500-Meilen-Rennen vom 31. Mai 1920 ist das achte seit seiner Einführung im Jahre 1911 und das erste Rennen Amerikas in der Dreiliterklasse. Es zieht eine Rekordzahl von Zuschauern an und fesselt diese bis zum Schluss. Von den sieben ungewöhnlich stromlinienförmigen Fahrzeugen der Chevrolet-Brüder, den vier Monroe Specials und den drei Frontenacs, schaffen es nur die zwei Monroes von Gaston Chevrolet und von Joe Thomas über alle 200 Runden.

Gaston wird zum Star des Tages. Er legt die 804,5 Kilometer in 5 Stunden, 38 Minuten und 32 Sekunden zurück. Ohne Reifenwechsel fährt der 27-Jährige auf der harten Ziegelsteinpiste zu einem ausgezeichneten Sieg und holt damit ein Preisgeld von 21800 US-Dollar ab. Teamkollege Joe Boyer, der mit seinem Frontenac auf den ersten 400 Kilometern fast ununterbrochen geführt hat, scheidet nur 40 Kilometer vor dem Ziel wegen eines gebrochenen Lenkungsarms aus. Dasselbe Schicksal erleiden andere Monroes und Frontenacs, so auch der Wagen von Louis Chevrolet, der nach 24 Runden bereits aufgeben muss.

Die ausländischen Teams, insbesondere die Franzosen, sind rein technisch im Vorteil gewesen. Die mit starken Acht-Zylinder-Reihenmotoren ausgerüsteten Ballots, die die Ränge zwei, fünf und sieben belegen, haben als die besseren Rennmaschinen gegolten. Doch «die kleine Gruppe der amerikanischen Spezialisten, die sich überhaupt für Rennen interessierten, haben im Entwurf und im Bau kleiner, schnelllaufender Motoren ganz erstaunliche Fortschritte gemacht».[53] Gemeint sind damit das Monroe-Frontenac-Team sowie die Duesenbergs, die auf den Plätzen 3, 4 und 6 landen.

Erstmals seit 1912 hat ein amerikanischer Wagen das Indianapolis-Rennen gewonnen. Louis und Gaston werden wie Helden verehrt. Die Preisverteilung findet am Tag nach dem Rennen bei einem öffentlichen Bankett statt, an dem über tausend Personen teilnehmen. Die Chevrolets, die rund 20 Jahre zuvor in die USA eingewandert

Schematische Skizze des Vier-Zylinder-Frontenac-Rennwagens von 1920. Charakteristisch sind die windschlüpfrige Frontpartie und das zigarrenähnliche Heck.

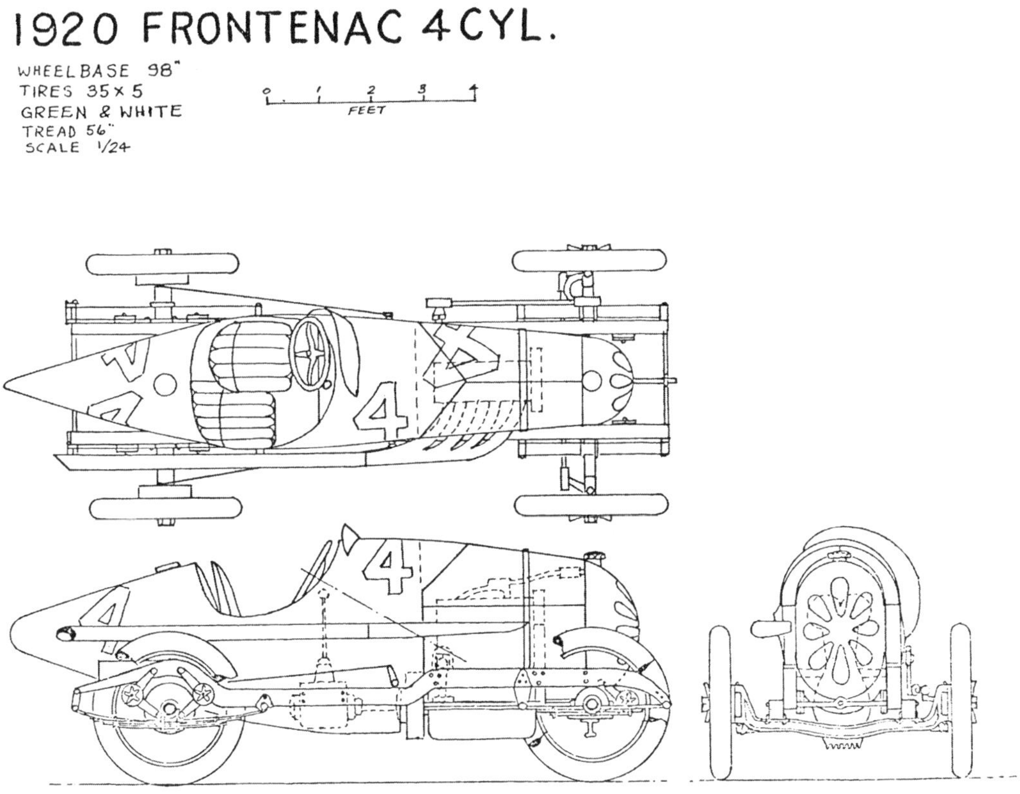

sind, haben es geschafft. Sie gehören nun ganz zu Amerika. Die Siegesfreude des Frontenac-Teams ist allerdings nicht vollkommen. Arthur Chevrolet hat beim Training für dieses triumphale Rennen einen schweren Unfall erlitten und wird so stark verletzt, dass er nie wieder Rennen fahren kann.

Louis hat sein grösstes Ziel erreicht und beschliesst, den Rennbetrieb zu verlassen. Er kann auf ein äusserst aufregendes und ereignisreiches Leben als Rennfahrer zurückblicken. In den Jahren zwischen 1905 und 1920 ist der draufgängerische, unerschrockene Fahrer oftmals nur knapp dem Tod entronnen. Vier seiner Rennmechaniker sind auf der Rennstrecke gestorben, und Louis selbst hat drei Jahre in Spitälern oder im Krankenbett verbracht, um sich von Rennverletzungen zu erholen. Dafür hat er Innovationen entwickelt, zum Beispiel den Überrollbügel, der später zur Standardausrüstung von Rennwagen gehören wird.

Der Autokonstrukteur will sich fortan wieder ganz der Automobilindustrie widmen und mit Produktionsproblemen beschäftigen.[54] Gaston bleibt im Renngeschäft und nimmt an weiteren Wettkämpfen teil. Es läuft gut für den Indy-500-Sieger, doch im letzten Rennen der Saison, nur sieben Monate nach dem Triumph in Indianapolis, schlägt das Schicksal zu. Beim 250-Meilen-Speedway-Classic vom 25. November in Beverly Hills, Kalifornien, kommt es zu einem schweren Unglück. Der erst 28-jährige Gaston und sein Mechaniker verlieren bei einem heftigen Zusammenstoss auf dieser Bretterpiste ihr Leben.[55]

Der jüngste der berühmten Chevrolet-Brüder erlebt es nicht mehr, wie das Frontenac-Team 1921 an seinen Erfolg vom Vorjahr anknüpft. Louis entwirft im Winter einen Reihenachtzylindermotor. Cornelius W. Van Ranst, mit dieser Materie bestens vertraut, unterstützt seinen Freund. Der Achtzylinder wird zu einer verlängerten Version des Vierzylinders, und der neue Motor soll eine um zehn Prozent höhere Drehzahl von 3300 Umdrehungen pro Minute erreichen.

Gaston Chevrolet verunglückt am 25. November 1920 in Beverly Hills tödlich (Foto links). Rechts der Achtzylinder-Frontenac von 1921, mit dem Tommy Milton das Indy 500 gewinnt.

Die zwei Maschinen, die am 30. Mai 1921 ins Indianapolis-Rennen geschickt werden, spucken Öl. Trotzdem fährt Tommy Milton glanzvoll zum Sieg. Auf den dritten Rang schafft es ein Vierzylinder-Frontenac, der zweite Achtzylinder erreicht den neunten Platz. Zweimal hintereinander haben Louis Chevrolets Rennwagen, jedes Mal mit völlig neuen Motoren, das grösste Rennen des amerikanischen Kontinents gewonnen.

1922 tritt das Team Frontenac mit neun Wagen ein letztes Mal zum Indy 500 an. Bestes Resultat ist ein neunter Platz. Für dieses Rennen haben Arthur und Louis Chevrolet den Einsatz eines Funktelefons angekündigt. Damit soll der Fahrer während des langen Rennens ständig im Kontakt mit seiner Boxenmannschaft sein und über den Rang und andere wichtige Informationen im Bild bleiben können.[56]

Dass Rennfieber lässt Louis nicht ganz los. Schon 1923 kommt er auf seinen Entscheid von Mitte 1920 zurück und wagt ein kurzes Comeback. Als bekannt wird, dass wieder Meisterschaften auf der Sandbahn ausgerichtet werden sollen, ist Louis einer der Ersten, die sich anmeldet. Auch auf dem Wasser bestreitet er ein Rennen und gewinnt die Miami Regatta. Seine letzte offizielle Runde auf dem berühmten Kurs von Indianapolis absolviert Louis 1926 als Fahrer des Pace Cars, eines Chrysler Imperial «80».

Konstrukteur, Unternehmer und Werbeträger

Seit seiner Lehrzeit in Paris hat sich Louis Chevrolet ständig mit Autos beschäftigt. Er liebt die Motoren, und auf den Rennstrecken lotet er als Fahrer wie als Konstrukteur die Grenzen des Spiels mit der Geschwindigkeit aus. Sein Ruhm öffnet ihm viele Türen, und Louis geht als innovative und treibende Kraft in die Geschichte ein.[57]

«Arthur und Gaston waren passable Mechaniker, aber ich hielt sie nie für aussergewöhnlich gute Rennfahrer», erklärt Cornelius W. Van Ranst. «Louis war in allem gut und hatte alles Talent in der Familie. Ich glaube nicht, dass man ihn als Erfinder oder als Designer bezeichnen könnte, doch in all den Jahren mit den verschiedenen Automobilen hatte Louis eine natürliche Fähigkeit, die guten Punkte von den schlechten zu unterscheiden, und dank einem elefantenartigen Gedächtnis konnte er seine Beobachtungen festhalten und sie zum Vorteil nutzen. Er befehlte anderen, was er wollte, nicht, wie es getan werden sollte.»[58]

Auf seinem unternehmerischen Weg legt Louis, wie auf der Rennstrecke, ein ungeheures Tempo vor. Erfolge und Misserfolge reihen sich aneinander. Es gibt Projekte, die nur kurzlebig sind oder nicht realisiert werden, andere enden in einem Streit oder in einem finanziellen Debakel. Doch Louis fährt meist unbeirrt weiter, sucht pragmatisch nach neuen Möglichkeiten, sei es in der aufregenden Welt des Rennsports oder in der verheissungsvollen Autoindustrie.

1905 trägt sich Louis Chevrolet erstmals ernsthaft mit dem Gedanken, selbstständig zu werden. Nach seinem fulminanten Rennsieg auf

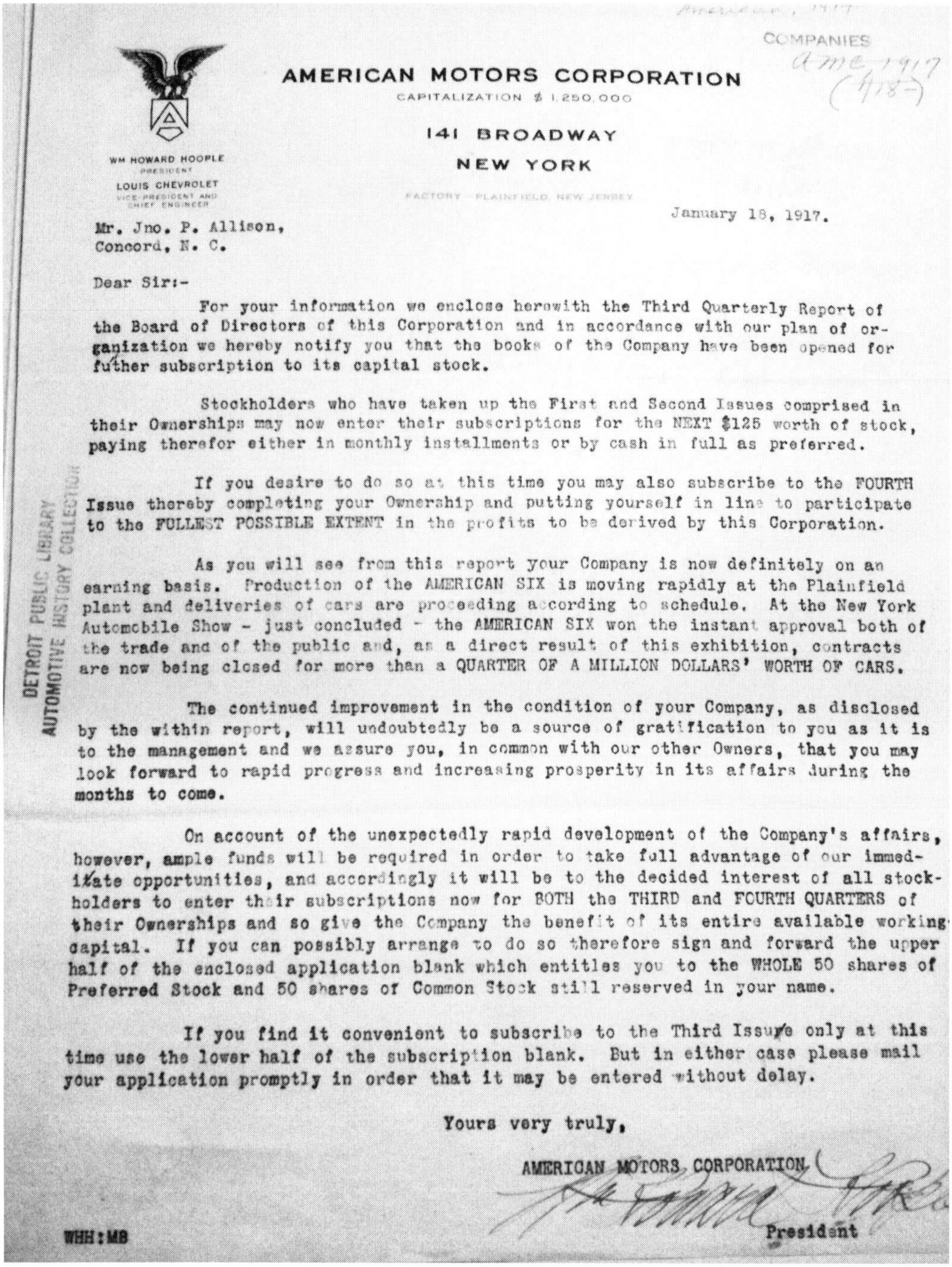

COMPANIES
ame 1917
(418)

AMERICAN MOTORS CORPORATION
CAPITALIZATION $ 1,250,000
141 BROADWAY
NEW YORK
FACTORY – PLAINFIELD, NEW JERSEY

WM HOWARD HOOPLE
PRESIDENT
LOUIS CHEVROLET
VICE-PRESIDENT AND
CHIEF ENGINEER

January 18, 1917.

Mr. Jno. P. Allison,
Concord, N. C.

Dear Sir:-

For your information we enclose herewith the Third Quarterly Report of the Board of Directors of this Corporation and in accordance with our plan of organization we hereby notify you that the books of the Company have been opened for futher subscription to its capital stock.

Stockholders who have taken up the First and Second Issues comprised in their Ownerships may now enter their subscriptions for the NEXT $125 worth of stock, paying therefor either in monthly installments or by cash in full as preferred.

If you desire to do so at this time you may also subscribe to the FOURTH Issue thereby completing your Ownership and putting yourself in line to participate to the FULLEST POSSIBLE EXTENT in the profits to be derived by this Corporation.

As you will see from this report your Company is now definitely on an earning basis. Production of the AMERICAN SIX is moving rapidly at the Plainfield plant and deliveries of cars are proceeding according to schedule. At the New York Automobile Show - just concluded - the AMERICAN SIX won the instant approval both of the trade and of the public and, as a direct result of this exhibition, contracts are now being closed for more than a QUARTER OF A MILLION DOLLARS' WORTH OF CARS.

The continued improvement in the condition of your Company, as disclosed by the within report, will undoubtedly be a source of gratification to you as it is to the management and we assure you, in common with our other Owners, that you may look forward to rapid progress and increasing prosperity in its affairs during the months to come.

On account of the unexpectedly rapid development of the Company's affairs, however, ample funds will be required in order to take full advantage of our immediate opportunities, and accordingly it will be to the decided interest of all stockholders to enter their subscriptions now for BOTH the THIRD and FOURTH QUARTERS of their Ownerships and so give the Company the benefit of its entire available working capital. If you can possibly arrange to do so therefore sign and forward the upper half of the enclosed application blank which entitles you to the WHOLE 50 shares of Preferred Stock and 50 shares of Common Stock still reserved in your name.

If you find it convenient to subscribe to the Third Issue only at this time use the lower half of the subscription blank. But in either case please mail your application promptly in order that it may be entered without delay.

Yours very truly,

AMERICAN MOTORS CORPORATION

President

WHH:MB

DETROIT PUBLIC LIBRARY
AUTOMOTIVE HISTORY COLLECTION

einem 90-PS-Fiat, kündigt die Automobilpresse die Gründung der Chevrolet Kenen Auto Company in New York an. Die Gesellschaft bezwecke allgemeines Autogeschäft, heisst es. Diese Pläne für einen Garagenbetrieb setzt Louis allerdings nicht in die Tat um.

Während er sein Frontenac-Rennwagenprojekt vorantreibt, wird anfangs 1916, mitten im Ersten Weltkrieg, ein industrielles Projekt konkret. Louis zieht mit seiner Familie nach Plainfield, New Jersey, um zusammen mit mehreren Geschäftsleuten von der amerikanischen Ostküste die American Motors Corporation zu gründen.

Louis' Partner sind unter anderen William Howard Hoople, Präsident der Interstate Electric Corporation von New York City, John C. Speirs, früherer Manager bei Autocar und Locomobile, und George F. Baright, früherer Werbedirektor der Prudential-Lebensversicherungsgesellschaft von Newark, New Jersey.[59] Es handelt sich um ein exklusives Projekt. Nur 1000 Aktionäre können die Titel der neuen Gesellschaft erwerben.

Die neue Firma mit Sitz in New York wird mit einem Kapital von 1,25 Millionen US-Dollar ausgestattet und soll Sechszylinder-Personenwagen in grosser Zahl herstellen. Die Pläne tönen vielversprechend. Eine neue Fabrik wird gebaut. Der Firmenprospekt schildert die Ausgangslage:

«Die Fabrik in Plainfield befindet sich im Zentrum einer ausgedehnten und reichen Gegend. Mehr als ein Zehntel der US-Bevölkerung wohnt innerhalb eines Radius von 100 Meilen rund um die Fabrik. New York, Boston, Philadelphia, Pittsburgh, Baltimore und andere grosse Städte bieten, direkt vor unseren Toren, aufnahmefähige Märkte für den American Six.»

Die American Motors Corporation engagiert Louis Chevrolet als Vizepräsidenten und Chefingenieur. Er erscheint auf dem Briefkopf oben links.

Louis Chevrolet wird Vizepräsident und Chefingenieur des Unternehmens und gleichzeitig Werbeträger. Davon zeugen verschiedene

Blick in den «Designing room», den Arbeitsplatz von Louis Chevrolet und seinen Mitarbeitern bei American Motors.

Annoncen in einschlägigen Branchenzeitschriften. «Louis Chevrolets O.K. ist Ihre Garantie», heisst es darin vollmundig. Angesprochen werden vor allem Automobilhändler. Vor dem Hintergrund der kriegsbedingt stark reduzierten Automobilproduktion argumentiert American Motors mit seiner Lieferbereitschaft. Das Auto selbst wird als Louis Chevrolets grösste Leistung angepriesen. Jeder «American» trägt das persönliche O.K. des Chefingenieurs auf dem Armaturenbrett.[60]

Die Montagekapazitäten werden auf einen Ausstoss von bis zu 10 000 Autos ausgelegt, doch die Produktion des American erreicht erst 1920 gerade einmal 1500 Stück. Die grossen Pläne lassen sich, wie bei vielen anderen Neugründungen, nicht verwirklichen. Die Nachkriegsdepression macht die ambitiösen Pläne zunichte, und die Konsolidierung im Automobilwesen schreitet voran. 1923 wird die Gesellschaft von anderen Firmen übernommen, 1924 die Personenwagenproduktion aufgegeben.

Louis Chevrolet verlässt American Motors schon 1919, bleibt aber ein grosser Aktionär. Zu verlockend ist das Angebot von William Small. Er lässt vom Frontenac-Team vier Monroe-Rennwagen bauen,

FRONTENAC AUTOMOBILE TO BE MADE IN INDIANAPOLIS
Indianapolis Star (1907-1922); Jan 9, 1922;
ProQuest Historical Newspapers Indianapolis Star (1903 - 1922)
pg. 1

FRONTENAC AUTOMOBILE TO BE MADE IN INDIANAPOLIS

Million-Dollar Corporation to Construct New Car Designed by Louis Chevrolet May Open Large Factory in City.

Indianapolis will be the home of another large automobile factory if the motor of the new car, which is on display at the New York automobile show, creates sufficient enthusiasm to warrant the construction. If this interest is not manifested the city will be the home of the new automobile, anyway, as it will be built in the factory of the Stutz Motor Car Company.

The car, designed by Louis Chevrolet of Indianapolis, will be known as the Frontenac and will sell for about $2,000. The company will be known as the Frontenac Motor Company, Inc., and has been incorporated under the laws of Delaware for $1,000,000. Details of the organization of the company, which is to be financed by Allan Ryan and a group of New York financiers, have not been completed, and probably will not be announced until after the incorporators learn what impression the car makes at the New York show.

Car to Be Manufactured.

If the Frontenac's reception at the New York show should not be so enthusiastic as expected it is understood that the car will be manufactured in a small way in the plant of the Stutz Motor Car Company, Tenth street and Capitol avenue.

In either event present plans provide that William N. Thompson, president and general manager of the Stutz Motor Car Company, is to be the managing head of the organization. Mr. Chevrolet will act in the capacity of consulting engineer.

Mr. Chevrolet, who is probably one of the best known designers of racing automobiles in the world, particularly because he has designed cars two years in succession which have won the 500 mile race on the Indianapolis Motor Speedway, has been silently working on the design of his new creation for several months. It was never exhibited to the public until it was in the lobby of the Hotel Commodore in New York at the New York automobile show. The Frontenac motor is of the racing type having an overhead camshaft which has proved so successful in racing motors in the last few years.

Efforts to communicate with Mr. Chevrolet or William N. Thompson in New York last night proved unavailing.

Anfang 1922 hat Louis Chevrolet zusammen mit der Autofirma Stutz von Indianapolis grosse Pläne für die Herstellung eines Frontenac-Personenwagens.

und dabei ist auch die Rede von einem Frontenac-Personenwagen.[61] Diese Pläne erhalten allerdings erst nach den grossen Rennerfolgen von 1920 und 1921 wieder Auftrieb. Allan A. Ryan, seit 1916 Grossaktionär der Luxuswagenschmiede Stutz Motor Car Company von Indianapolis, und deren Präsident William N. Thompson assoziieren sich mit Louis Chevrolet. Mit einem Aktienkapital von einer Million Dollar gründen sie Anfang 1922 die Frontenac Motor Car Company of America von Delaware.

Zweck der Gesellschaft ist die Entwicklung des «Frontenac Motor Car, eines Produkts aus Chevrolet's Rennerfahrung». Angekündigt wird ein Hochleistungsauto «nach Louis Design und in Stutz' Tradition».[62] Der neue sportliche Personenwagen soll in grosser Zahl hergestellt und für einen Listenpreis von 2000 Dollar angeboten werden. Der 197 cui. (3,2 Liter) grosse Motor folgt dem Konzept der erfolgreichen Frontenac-Rennmotoren und verfügt über eine obenliegende Nockenwelle.[63]

Anfang März werden mit ersten Fahrzeugen auf der Indianapolis-Rennstrecke Tests durchgeführt. Louis Chevrolet, inzwischen Vizepräsident und Chefingenieur der neuen Firma, absolviert mehrere schnelle Runden und erreicht eine Durchschnittsgeschwindigkeit von über 70 Meilen pro Stunde. Auch der «New Yorker Kapitalist» und Verwaltungsratspräsident Allan A. Ryan nimmt die Gelegenheit wahr und kurvt einige Male ums Oval.[64]

Ihre Arbeit hat die neue Gesellschaft in einer temporären Fabrik an der 410 West Tenth Street aufgenommen, nur wenige Hundert Meter vom früheren Hauptquartier von Stutz entfernt. Die Pläne für den Kauf eines grossen Fabrikareals werden im April konkret. Die Aktien der Firma werden in New York bereits ausserbörslich gehandelt, und erste Materialbestellungen werden platziert. 1500 Arbeiter sollen angestellt werden, erklärt ein zuversichtlicher Louis Chevrolet gegenüber der Branchenpresse.[65]

FRONTENAC MOTORS ENTERS BANKRUPTCY

Indianapolis, Ind., April 14.—The Frontenac Motor Company today filed a voluntary petition in bankruptcy in United States District Court listing its assets at $425 and its liabilities at $88,163.56.

The petition was signed by Louis Chevrolet, a former race driver, as president of the company. Allen A. Ryan was the first president of the company when it was organized a year ago to manufacture a car designed by Chevrolet.

Nach dem Bankrott seines New Yorker Geldgebers erleidet das Frontenac-Projekt Schiffbruch. Louis Chevrolet bleibt mit seiner Firma auf Lieferantenrechnungen sitzen und meldet im April 1923 Konkurs an.

Drei verschiedene Karosserievarianten sind geplant, ein viersitziger Tourenwagen, ein zweisitziger Roadster und ein geschlossener Viersitzer. Front- und Heckstossstangen, die mit dem Chassisrahmen verbunden werden, nennt der Chefingenieur als technische Innovation. Er verspricht einen Verbrauchswert von 20 Meilen pro Gallone und eine Geschwindigkeit von 75 Meilen pro Stunde.

Doch die Voraussetzungen für das neue Unternehmen sind nicht die besten. Der Firma Stutz, die Ryan weitgehend kontrolliert, geht es nicht gut, seit Jahren schreibt die Luxuswagenherstellerin Verluste, und Ryan hat seinen Posten als Verwaltungsratspräsident bereits im Januar verlassen. Im Mai kursieren Gerüchte, wonach Stutz mit Frontenac fusionieren wolle, um die Stutz-Aktien zu stützen.[66] Am 21. Juli schliesslich meldet der grosse Investor in New York Privatkonkurs an, mit Schulden von über 32 Millionen Dollar. Es handelt sich um einen der bisher grössten Fälle in New York, und der Börsenplatz zeigt sich überrascht. Ryan hat sich offenbar verspekuliert, obwohl er 1920 in einer hoch umstrittenen Aktion die Aktien der Stutz Motor Car Company manipuliert hat.[67]

Als Anfang August der Stahlindustrielle Charles M. Schwab die notleidende Firma übernimmt, wird der Frontenac-Konzern von Delaware aufgelöst. Die Verhandlungen für den Kauf eines Fabrikareals, das früher von der Empire Motor Car Company genutzt worden war, haben kurz vor dem Abschluss gestanden.[68] Die Produktionspläne sind jetzt allerdings obsolet. Louis Chevrolet hat sich rechtlich nicht abgesichert und muss mit seiner ursprünglichen Frontenac-Firma bei den Lieferanten geradestehen. Mitte April 1923 reicht er seinen Konkursantrag ein. Aktiven von 425 Dollar stehen Verpflichtungen von über 88 000 Dollar gegenüber.

Eine andere Geschäftsidee, die Louis Chevrolet zusammen mit seinem Freund Cornelius W. Van Ranst bereits 1920 lanciert hat, entwickelt sich inzwischen erfreulich. Es geht um Rennmotoren. Das passt besser zum Gemüt des Rennfahrers.

Nach dem Ersten Weltkrieg ist das Sandbahnrennen zu einem beliebten Sport geworden. Viele kleine Werkstätten, sogenannte Speedshops, haben begonnen, für Ford-T-Modelle alle Arten von Zubehör und Umbausätzen anzubieten, womit die einfachen Tin Lizzies für relativ wenig Geld zu Rennwagen umfunktioniert werden können. Die Bauweise des kleinen Ford-Vierzylindermotors mit demontierbaren Zylinderköpfen bietet sich geradezu an. Neue Köpfe mit Overhead-Ventilen und -Nockenwellen können deutlich mehr Leistung herausholen als die originalen 22 Pferdestärken.

Auf der ersten Testfahrt mit einem derart modifizierten Ford T sucht Louis eine offene Landstrasse und gibt Gas. Er übersieht, dass der Deckbelag endet. Der Schotter, der in der Strassenmitte aufgehäuft ist, bringt das Fahrzeug ins Trudeln. Es überschlägt sich bei hohem Tempo. Louis und sein Beifahrer, Van Ranst, krabbeln, glücklicherweise unverletzt, aus dem kleinen Ford und fahren zufrieden nach Indianapolis zurück.

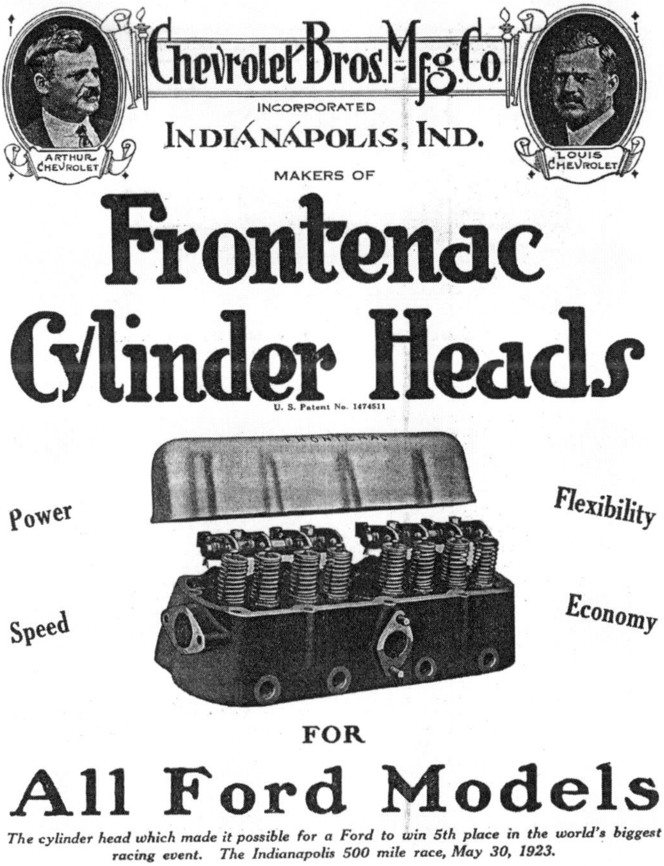

Die Frontenac-Zylinderköpfe von Arthur und Louis Chevrolet werden in den 1920er-Jahren zu einem Erfolgsprodukt. 10 000 Stück werden gebaut.

Das sei schnell genug für einen Rennwagen, kommentiert Louis. Eine Erfolgsgeschichte nimmt ihren Anfang. Die Chevrolet-Brüder bauen zwei der sogenannten Fronty-Fords. Sie bestätigt den guten Ruf der Chevrolets auf den Rennstrecken und begründet eine wesentliche Einkommensquelle. Sie qualifizieren sich, neben neun Frontenacs, für das Indy-500-Rennen von 1922. Im folgenden Jahr baut Louis Chevrolet für einen wohlhabenden Ingenieur aus St. Louis den nach ihm benannten Scheel-Frontenac-Rennwagen. Er fängt bei einem Testlauf Feuer und wird völlig zerstört. Das Projekt wird aufgegeben.

In ihrem Firmenprospekt preisen die Chevrolet-Brüder die Vorzüge der Frontenac-Zylinderköpfe für verschiedene Einsatzzwecke an.

Bild Seite 111: Die Erfolge der Fronty-Ford-Rennwagen wirken lange nach: Anleitung für den Bau eines Papiermodells des Barber-Warnock-Rennwagens von 1923 in einer amerikanischen Hobby-Zeitschrift von 1964.

Besser läuft es mit einem Fronty-Ford, der vom lokalen Ford-Händler Barber-Warnock finanziert und von Arthur Chevrolet vorbereitet wird. Der Fahrer Lora L. Corum erringt am Indy-500-Rennen vom 30. Mai 1923 einen guten fünften Platz, hinter vier Miller-Achtzylindern und vor so renommierten Konkurrenten wie Mercedes und Bugatti.[69] 1924 bringt Barber-Warnock drei ähnliche Fronty-Fords auf die Indy-Rennstrecke. Sie unterliegen aber den starken Miller- und Duesenberg-Mo-

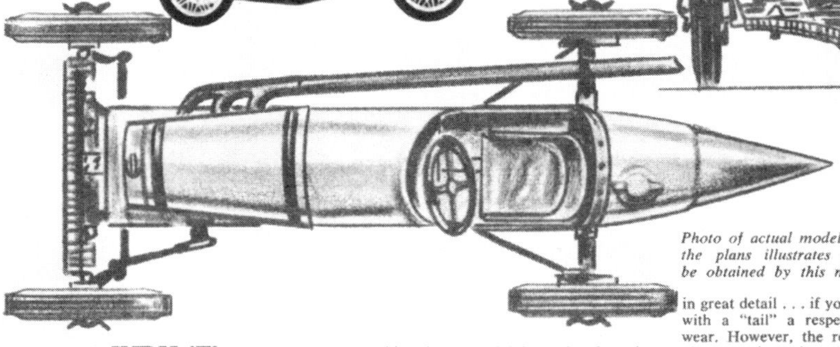

Photo of actual model superimposed over the plans illustrates accuracy that can be obtained by this method of building.

continued **INDY 'T'**

shapes of the paper cutouts and has made an accurate set of templates, that will fit together with little difficulty.

The first step in the construction of the body is to cut out the belly pan and roll it tightly to shape it. Now you are ready to slip the rear radius rods into the slots, Picture (2), and glue the belly pan to the outside of the frame rails, with plastic glue. When the glue has dried solidly, draw the front overlap together so that the front radius rods just clear, and glue with white, Wilhold glue.

Use Wilhold Glu-Bird glue or equivalent, on all-paper parts and plastic glue wherever paper parts come in contact with plastic.

The dumbiron cover is rolled down in front to fit around the spring mount. Side lips are then scored, Picture (4), on the reverse side and bent up. The cover is then glued on top of the frame. The main body is in three parts. #1, the cowl, is rolled in the center and the mounting lips are scored on the outside and bent under. The firewall and dash are then glued into place. #2, the tank, is rolled into an oval and the overlap is glued at the bottom. The cowl side panels are then glued to the overlap of the tank sides. #3, the tail, is rolled into a cone and glued with the end pressed flat. The cone is then pulled through the tank, Picture (17), and glued.

When the joint between the tank and tail has dried, trim the tail to actual shape. This time, roll edges together as you glue, working the edges tightly as the glue takes hold. This is a very important point in construction as the two step shaping method gives a rounder shape to the tail section. It is also a good idea to fill the inside seams of the tail section with glue.

You really don't need to put yourself to the trouble of following the last paragraph in great detail . . . if you don't mind ending with a "tail" a respectable rat wouldn't wear. However, the results from heeding all precautions given for this new medium of model building are well worth the extra effort.

Now, glue in the tank bulkhead. The seat is glued together and the hood is then rolled to shape. The cowl flare is shaped with slightly dampened fingers, picture (18).

All of the paper parts are then brushed

L. L. Corum in the Barber-Warnock special was driver in the '23 Indianapolis "500" mile race. Car, a Fronty-Ford set up by Arthur Chevrolet, finished fifth, required no tire change.

1924 setzt ein lokaler Fordhändler drei Fronty-Fords auf der Indianapolis-Rennstrecke ein und erringt einen Achtungserfolg. Das Foto zeigt Henry Ford (am Steuer) und links hinter ihm Louis Chevrolet.

toren. Henry Ford nimmt an diesem Rennen als Jurymitglied teil. Dabei kommt es auch zu einer Begegnung zwischen Louis und dem Automobilmagnaten, die fotografisch festgehalten wird.

Einen besonderen Fronty-Ford entwickelt der Konstrukteur für die Rennsaison von 1926. Der Hamlin Special erhält Frontantrieb und einen Roots-Kompressor. Der kleine Vierzylindermotor mit nur 91 Cui. (knapp 1,5 Liter) Inhalt lässt sich bis zu 6000 Touren hochdre-

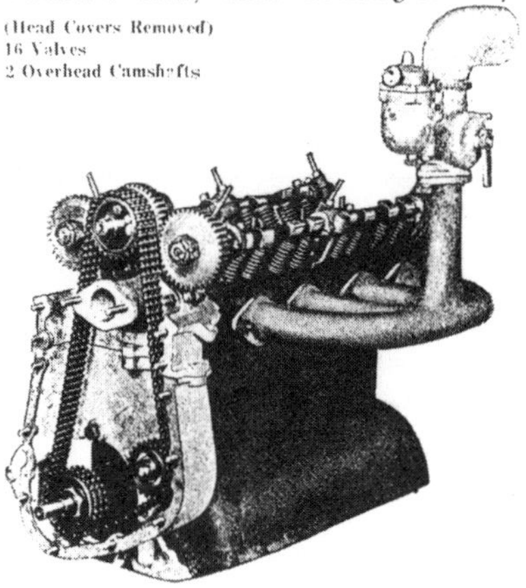

Der «Fronty»-Zylinderkopf für den Renneinsatz ist mit vier Ventilen pro Zylinder und zwei obenliegenden Nockenwellen ausgestattet, eine für die 1920er-Jahre recht fortschrittliche Konstruktion.

hen. Trotz der technischen Verbesserungen stammen aber immer noch 70 Prozent aller Fahrzeugteile vom lokalen Fordhändler. In Indianapolis qualifiziert sich Jack McGarver mit dem neuartigen Wagen noch vor einem Duesenberg, doch im Rennen kommt in der 24. Runde wegen eines Pleuellagerschadens das Aus. Der Hamlin Special wird jedoch bis in die 1930er-Jahre erfolgreich in Rennen eingesetzt.[70]

Die Fronty-Ford-Erfolge auf den Rennstrecken sind gute Referenzen für die kleine Rennschmiede, die Arthur und Louis Chevrolet unter dem Namen Chevrolet Brothers Manufacturing Corporation aufgezogen haben. Die Zylinderköpfe werden in drei verschiedenen Varianten angeboten. Einen Markt sehen die Brüder Chevrolet im «Ford-Besitzer, der die Leistung eines grossen Wagens haben will, im Verkäufer, der ein grosses Gebiet zu betreuen hat, oder im Lastwagenbesitzer, der mehr Kraft und Effizienz anstrebt».[71] Versprochen werden eine markant höhere Leistung und ein geringerer Benzinverbrauch. In Tests werden Werte von 20 bis 25 Meilen pro Gallone gemessen.

Zu den Frontenac-Zylinderköpfen kommt eine ganze Reihe von Fronty-Ford-Komponenten hinzu. Die Palette reicht von Kurbelwellen, Rennzylindern und Rennauspuffanlagen bis zu Hinterachsteilen und zu ganzen Rennkarosserien. Mitte der 1920er-Jahre ergänzt ein komplettes Rennfahrzeug für 2000 US-Dollar den Katalog. Vor allem die Frontenac-Zylinderköpfe werden in grosser Zahl hergestellt. Pro Tag verlassen 60 Bausätze die kleine Fabrik in Indianapolis. Insgesamt 10 000 Stück können die Chevrolet-Brüder absetzen. Doch die Tage dieses Geschäfts mit Zylinderköpfen sind gezählt, weil Ford 1927 das T-Modell auslaufen lässt.

Louis Chevrolet nimmt indessen einen weiteren Anlauf für ein Personenwagenprojekt. 1925 baut er einen neuartigen Achtzylindermotor, «der nach der Meinung vieler Automobilingenieure den Motorenbau

Arthur und Louis Chevrolet bieten komplette Rennwagen an und werben dafür im Firmenkatalog mit den Erfolgen auf zahlreichen Rennstrecken.

The Fronty-Ford Racing Car

Will Win for You

You MUST win. Your skill, plus Fronty-Ford performance will get you in on the big money every time! The Fronty-Ford will stand up under the most severe driving. Lightning get-away and great speed are characteristic of the Fronty-Ford. It is the most consistent and sensational performer on half-mile dirt tracks ever built. The best proof of the Fronty-Ford speed and reliability is found in its performance in the 500-mile race May 30, 1923, in which it placed fifth, defeating all foreign entries and many of the best American entries.

SPECIFICATIONS:

Frame: Standard Ford frame shortened for 88" wheel base. (Longer wheel base for road-racing optional.) Front Axle: Standard Ford I-Beam shortened for 5" offset to the left. (Standard width optional.) Steering Knuckles: Our special steering Knuckles and spindles made of Chrome Nickel steel, guaranteed against breakage. Front Wheel Bearings: Timken Roller. Front Radius Rods: our special side radius rods, Front Underslinging: our special front brackets. Rear Axle: standard Ford rear axle assembly, shortened for 5" offset to the left. (Standard width optional.) Rear Wheel Bearings: New Departure ball bearings No. 1211 mounted in our special mounting. Wheels: special racing 28x4, straight side, depressed center rim; no rim-ring used; equipped with winged hub caps for quick change. Axle Shafts: special oversize, 1 1/16 axles made of Chrome Vanadium steel, guaranteed against breakage. Springs: special weight Ford style springs made of high-grade alloy steel. Shock Absorbers: Hartford. Rear Underslinging: our own method. Steering Gear: our special balanced pressure gear. Steering Wheel: our special spring steel spoke wheel.

Radiator: Fronty-Ford model, made with Fedders' high-efficiency core. Motor: Fronty-Ford racing motor. (See motor specifications.) Body: One-man steel frame body. Scientifically designed to reduce wind resistance and to give car proper balance. Seat trimmed with high-grade upholstery. Tanks: Double tank in rear of body. Gasoline capacity 12 gallons. Oil capacity, 3½ gallons. Tanks equipped with bar caps and piped for air pressure. Feed (gasoline): pressure. Feed (oil): pressure.

Transmission: standard Ford, the fastest for quick get-away. Gear Ratio: optional, 3—1 for straightaway racing, 3.63—1 for mile tracks, or 4—1 for ½-mile tracks. Thread: optional 51" throughout, offset 5" to the left or standard. Wheel Base, 88" (longer if desired). Weight: 1200 lbs. Speed: 30 seconds on ½-mile track; 48 seconds on mile track; 100 M. P. H. on straightaway. Color: optional.

214. Price, F. O. B. $2,000.00

A FEW FRONTY-FORD RECORDS AND ACHIEVEMENTS

WINCHESTER, IND., MAY 29, 1922

Ralph Ormsby turned half-mile track in 29 seconds flat with Fronty-Ford. World's record for half-mile dirt track against any competition.

INDIANAPOLIS SPEEDWAY, MAY 30, 1922

Fronty-Ford driven by Glenn Howard averaged 80 M. P. H. for 420 miles. Jack Curtner drove Fronty-Ford 440 miles for an average of 85 M. P. H.

CLEVELAND, OKLA., MAY 29, 1922

Using Frontenac Head, Dick Calhoun lowered his own state record, turning one mile on half-mile track in 1:00 1-2.

TOLEDO, O., JUNE 4, 1922

One-Hundred mile dirt track championship race; first, Fronty-Ford driven by Ralph Ormsby; second, Fronty-Ford driven by C. W. Belt.

UNIONTOWN SPEEDWAY, PA., JUNE 19, 1922

A. A. A. Sanction Meet.
Jack Curtner qualifies for race at an average of 92 M. P. H.

TOLEDO, O., SEPT. 17, 1922

Hundred mile race won by Homer Ormsby in Fronty-Ford; second, Ralph Ormsby in Fronty-Ford. Fastest lap, 48 2-5 seconds by Ralph Ormsby.

INDIANAPOLIS, IND., NOV. 11, 1922

Opening race of the new Hoosier Speedway, 75 miles, won by Ralph Ormsby in Fronty-Ford; second, Homer Ormsby, in Fronty-Ford; third, J. Guinta in Fronty-Ford. A clean sweep for the Frontys—first and second cars only cars that ran race without stop.

INDIANAPOLIS, MAY 30, 1923

A. A. A. Sanction Meet.
Barber-Warnock Special equipped with Frontenac Cylinder head wins 5th place in 500-mile sweepstakes averaging 82:58 M. P. H., defeating all foreign entries and many of the costliest American cars.

WINCHESTER, IND., JULY 4, 1922

Ralph Ormsby driving Fronty-Ford wins 60-mile race establishing new records for the distance, 40 miles in 39.32; 60 miles in 60.46.

SAN LUIS OBISPO, CAL., SEPT. 3, 1923

A. A. A. Sanction No. 1411.
Fred H. Luelling driving Fronty-Ford broke all dirt track competitive records from one to sixty miles—seven in all. Time, 60 miles, 47 3-5; one mile, 42 1-5; five miles, 3.48 4-5; ten miles, 7.40; fifteen miles, 11.40 2-5; twenty-five miles, 19.56 1-5. H. Fredrickson driving Fronty-Ford took second. His time was 60 miles in 48.54 2-5.

WINCHESTER, IND., SEPT. 16, 1923

Chance Kinsley driving Fronty-Ford in 100-mile race turned fastest lap ever made on a one-half mile track by cars of 183 cubic inch displacement. Time, 28 2-5.

To the Frontenac Cylinder Head goes the honor of these remarkable light-car achievements. It is the power, speed and flexibility of the Fronty Head that carries Fronty-Ford drivers to victory. Every racing driver who has driven a Fronty-equipped motor is warm in his praise for Frontenac cylinder heads.

Page Three

revolutionieren wird».[72] Der Burt-McCallum- oder Argyll-Motor, den Louis in Indianapolis testfährt, hat weniger bewegliche Teile als bisherige Ventil-Typen. Die Finanzierung bringt der Unternehmer aber nicht rechtzeitig zustande, und die Option für dieses Geschäft verfällt.

Schliesslich tüfteln die Brüder Chevrolet ab 1926 an einem Flugzeugmotor, der aus dem Frontenac-Motor abgeleitet und auf «Chevrolair 333» getauft wird. Arthur und Louis geraten sich wegen dieser Entwicklung in die Haare. Es kommt zu einem Streit, der vor Gericht endet. Die beiden Brüder trennen sich 1927. Arthur führt die Chevrolet Bros. Mfg. Co. weiter und nennt sie fortan Arthur Chevrolet Aviation Motors Corporation. Die Fronty-Ford-Teile bleiben im Programm. Neu werden Rennkomponenten auch für die Automarken Chevrolet und Whippet angeboten.

Louis nimmt mit seinem Flugzeugmotorenprojekt einen neuen Anlauf und gründet im Mai 1928 die Chevrolet Aircraft Corporation von Indianapolis. Im selben Jahr stösst er als beratender Ingenieur zur Luxuswagenmarke Stutz, wo er das technische Team verstärkt.[73] Die Automobilfachpresse verfolgt Louis' Aktivitäten und berichtet im November über den neuen Motor, der in der kommerziellen Luftfahrt eingesetzt werden soll. Der luftgekühlte Vierzylindermotor soll 80 PS entwickeln und weniger als 300 Pfund wiegen.

Der New Yorker Börsencrash vom 25. Oktober 1929 leitet indessen eine neue wirtschaftliche Depression ein, eine schlechte Voraussetzung für industrielle Projekte. Glenn L. Martin, ein bekannter Flugzeugdesigner und früherer Fordhändler, sichert Louis Chevrolet finanzielle Unterstützung zu. Er zieht Anfang 1930 nach Baltimore mit dem Ziel, dort mit der Produktion seiner Motoren zu beginnen.[74] Glenn L. Martin wird Vizepräsident und Finanzchef der neuen Tochtergesellschaft, die weiterhin unter Chevrolet Aircraft Corporation firmiert. Chevrolet wird Chefingenieur der Martin Company, und sein Sohn, Charles Chevrolet, wird stellvertretender Chefingenieur der Motorenabteilung.

Die von Louis entwickelten Triebwerke bestehen inzwischen die offiziellen Tests der Behörden glänzend. Ein nur 280 Pfund (127 kg) leichter Motor wird erfolgreich in einem zweisitzigen Flugzeug eingesetzt, das anfangs Juli 1930 an einem Luftfahrttreffen in Northampton, Massachusetts, teilnimmt. Das Fluggerät gewinnt in der 120-PS-Klas-

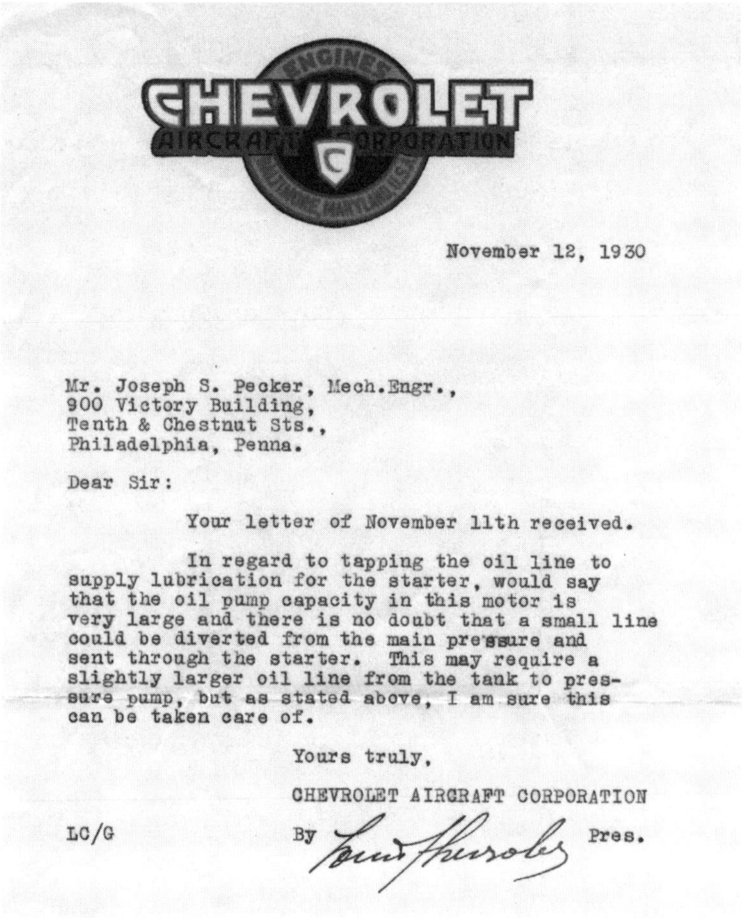

CHEVROLET
AIRCRAFT CORPORATION

November 12, 1930

Mr. Joseph S. Pecker, Mech.Engr.,
900 Victory Building,
Tenth & Chestnut Sts.,
Philadelphia, Penna.

Dear Sir:

Your letter of November 11th received.

In regard to tapping the oil line to supply lubrication for the starter, would say that the oil pump capacity in this motor is very large and there is no doubt that a small line could be diverted from the main pressure and sent through the starter. This may require a slightly larger oil line from the tank to pressure pump, but as stated above, I am sure this can be taken care of.

Yours truly,

CHEVROLET AIRCRAFT CORPORATION

LC/G

By Louis Chevrolet Pres.

Mit der Chevrolet Aircraft Corporation steigt Louis Chevrolet in die Konstruktion von Flugzeugmotoren ein. In diesem Brief befasst er sich mit einem technischen Problem mit einer Ölleitung.

se den ersten Preis und schneidet auch bei einem Verbrauchstest gut ab, wie die «Baltimore Sun» am 6. Juli berichtet.

Im folgenden Jahr umrundet ein leichtes, mit demselben Motor ausgerüstetes Flugzeug den Globus. Einzig die Strecken über den Atlantik und über den Pazifik werden per Schiff bewältigt. Das siebenmonatige Flugabenteuer des Ehepaars Charles und Gladys Day endet nach 24000 Flugmeilen am 19. Dezember 1930 in Baltimore beim Glenn Martin Airport. Louis und Suzanne Chevrolet gehören zum Empfangskomitee.

In seinem neuen Tätigkeitsfeld kümmert sich Louis auch um Automobile, zum Beispiel um den Wagen seines Geschäftspartners und Chefs Glenn L. Martin. In einem Brief vom 28. September 1931 schreibt Louis einem Herrn Gorrell:

«Herr Glenn L. Martin ist gegenwärtig in Europa, und die Firmengarage hat an Herrn Martins Stutz Coupé ein paar wenige Anpassungen vorgenommen, die ich getestet habe. Seit wir den lecken Ansaugkrümmer ersetzt haben, läuft der Motor wieder in Ordnung. Aber das Getriebe dieses Autos ist das lärmigste, das ich je erlebt habe. Das hat Herr Martin schon bemerkt, als das Auto neu war. Er hoffte, dass das Getriebe nach ein paar Tausend Meilen ruhiger würde, doch das Gegenteil ist der Fall. Der Wagen hat etwas weniger als 7000 Meilen auf dem Tacho. Herr Martin würde es schätzen, wenn Sie etwas in Sachen Getriebe tun oder wenn Sie dieses durch ein neues, ruhiges ersetzen könnten.»

Die schwere Depression bringt viele Betriebe in Bedrängnis. Glenn L. Martin zieht seine Unterstützung für die Chevrolet-Motoren zurück. Louis verlässt das Flugzeugunternehmen und kann nicht mehr von seinen Entwicklungsarbeiten profitieren. Auch das im Mai 1932 eingereichte Patentgesuch für einen Zehnzylinder-Sternmotor, das 1935 schliesslich erteilt wird, kann er nicht mehr nutzen. Inzwischen sind Louis' Konstruktionszeichnungen und Entwürfe, die er im Haus seiner Schwester Fanny in Plainfield, New Jersey, eingelagert hat, bei einem Feuer zerstört worden.

1933 kehrt Louis zur Firma Chevrolet zurück, die jetzt eine Division von General Motors ist. Er arbeitet etwa zehn Monate lang in einer Fabrik in Detroit, die Fahrzeugachsen herstellt,[75] bis ihn ein erster Hirnschlag zwingt, kürzerzutreten. Verschiedene Engagements für Treibstoff- und Ölunternehmen folgen. Louis wird in Detroit Vertreter der Sulflo Corporation, einer Firma aus Elizabeth, New Jersey, die Öl für Schneidewerkzeuge anbietet.

Ab 1934 nutzt die Sun Oil Company (Sunoco) den Namen des Autopioniers für die Produktewerbung. Das an der New Yorker Börse kotierte Mineralöl- und Erdgasunternehmen will ein neues, leichtes Winter-Motorenöl bekanntmachen. Zu diesem Zweck unternimmt der Autoveteran im November 1934 eine 5000 Meilen lange, elftägige Testfahrt in einem zweitürigen Master Six Chevrolet.

Louis kommentiert: «Dieser Test hat bewiesen, dass ein Öl nicht dick sein muss, um die nötige Schmierung und anhaltende Qualität sicherzustellen.»[76] Der Test wird 1934 und 1935 in verschiedenen Zeitungsinseraten und -artikeln ausgeschlachtet. Eine Sunoco-Annonce im «Sy-

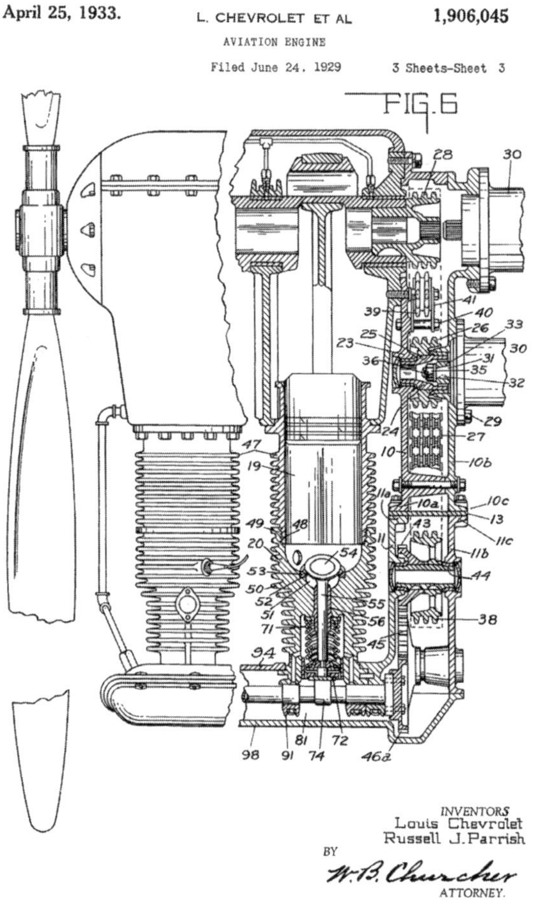

Das 1929 von Louis Chevrolet eingereichte Patentgesuch für einen Flugzeugmotor kann er nicht mehr nutzen. 1933 kehrt der Erfinder ins Automobilgeschäft zurück.

racuse Herald» vom 19. Dezember 1934 stellt Louis Chevrolet in diesem Zusammenhang als den «international bekannten Automobilingenieur, Co-Designer und Hersteller des ersten Chevrolet-Autos» vor.

Gelegentlich tritt Louis noch an verschiedenen Autoausstellungen für die Chevrolet-Division auf, bevor ihn weitere Hirnblutungen und eine Herzattacke Anfang 1938, im Alter von gut 59 Jahren, veranlassen, in den Ruhestand zu treten und definitiv von geschäftlichen Aktivitäten abzusehen.

SYRACUSE HERALD: WEDNESDAY EVENING, DECEMBER 19, 1934. 23

Dizzy Dean Far in Front Of All Rivals

Cornell's Alumni Study School's Football Problem; Reach Four Conclusions

Results Are Not Entirely Satisfactory at Present But Remedies Do Not Carry an Appeal That Meets General Approval

Jamesville Court Five Captures 29-18 Game From Canastota Team

OUR BOARDING HOUSE — By Ahern

Gruelling 5009 6/10 mile road test Proves Sunoco 20-w Winter Oil insures:

1. High lubrication security
2. Absolute protection to motor
3. Long lasting qualities★

Beginning November 6th and ending November 17th, a 1934 Chevrolet was driven 5,009.6 miles by Louis Chevrolet accompanied by an authorized A. A. A. observer, at an average speed of 42 miles per hour, through 13 states, including Florida. During the 12 days not one drop was added to the original 5 quarts of Sunoco Mercury Made 20-W Motor Oil. The oil remaining at the end of the run was in excellent condition, and there was enough left to give safe lubrication for several hundred miles more. The motor was found to be in excellent shape, and bearings, pistons and rings showed less than normal wear. This proves beyond question the unusual lubricating value of Sunoco 20-W Mercury Made Motor Oil.

Engineers agree that much oil consumption is due to leakage past pistons and seepage past gaskets. While you will get remarkable results from 20-W in your car, you must not expect such exceptionally low oil consumption, unless you take the same identical precautions.★

The value of Sunoco 20-W as an aid to easy starting at zero has already been proven. However, some motorists have been skeptical as to the lubrication safety of such a light oil. This test convincingly removes such doubt.

From start to finish, every detail of this test was conducted under the direction of the Contest Board of the American Automobile Association. Sanctioned Test No. 3133.

LOUIS CHEVROLET

Mr. Louis Chevrolet, internationally known automobile engineer, co-designer and manufacturer of the first Chevrolet car, drove the whole distance, 5,009.6 miles.

He says:—

"Garage men and dealers judge an oil mostly on account of thickness, regardless of quality. This test has proven to me that an oil does not have to be thick to be good for lubrication and possess lasting qualities. This test also proved that the recommendation of car manufacturers to use 20-W oil for winter is the best contribution that has been made to winter lubrication, because undoubtedly this oil will help motors start much quicker and will give 100% lubrication, as well as long-lasting qualities. These results prove something that most motorists believed could not be done with such a light oil.

"This test was made on Mercury Made Sunoco 20-W oil, but it by no means follows that any 20-W oil will give the same performance."

20-W SUNOCO MERCURY MADE MOTOR OIL

★*Master 6, 1934, Chevrolet used on this test run. In order to avoid any possible oil leakage, the motor was equipped with specially fitted piston rings and a new breather pipe. Furthermore, the oil-pan flange was reinforced, and the gaskets were new and fitted with particular care.*

SUNOCO 20-W makes ZERO starting easy!

1934 macht Louis Chevrolet Werbung für ein neues Winter-Motorenöl der Mineralölgesellschaft Sunoco, die bis heute im Geschäft ist.

Der Privatmann Louis Chevrolet

«Er hatte ein heftiges Temperament, wenn man ihn reizte, doch unter normalen Umständen war er sanft wie ein Lamm.» So beschreibt Cornelius W. Van Ranst seinen Freund Louis Chevrolet, mit dem er vier Jahre lang eng zusammengearbeitet hat.[77] Louis' Enkelin, Renée Goeke, teilt diese Einschätzung. «Ich glaube, er war ein eher ungeduldiger Mann. Er war wahrscheinlich ein technisches Genie, aber kein guter Geschäftsmann. Und als Grossvater war er nicht sehr geduldig mit Kindern, aber das war er mit den meisten Leuten nicht. Im Grunde genommen jedoch war er wirklich ein guter Mensch.»[78]

Louis Chevrolet in einer Aufnahme von 1905: Er hatte eine stämmige Figur und ein heftiges Temperament.

Bewegung hat Louis Chevrolets Leben geprägt. In seiner Jugendzeit bestimmt die aufkommende Uhrenindustrie die Existenz der Familie, zwingt sie wiederholt zu Veränderungen und zur Neuorientierung. Als Teenager wird Louis früh in den Arbeitsprozess einbezogen. Bald verschreibt sich der junge Mann der Mobilität auf zwei oder mehr Rädern. Fahrradrennen beleben seinen Sportsgeist, und das Automobil fasziniert ihn so stark, dass er aus dem kleinen Burgunderstädtchen Beaune ins grosse Paris zieht, um in die Geheimnisse der erst gerade erfundenen Benzinmotoren und der neuen Automobile eingeweiht zu werden.

Was folgt, ist eine teils typische, teils aussergewöhnliche Auswanderergeschichte. Louis' erste Jahre in New York offenbaren zunächst einen wichtigen Charakterzug, seinen Familiensinn. Der junge Auswanderer holt seine Schwestern Fanny und Marthe nach New York und nach dem Tod seines Vaters im Jahr 1902 auch den Rest der Familie,

Der draufgängerische Rennfahrer aus der Schweiz eroberte das Herz der fast zehn Jahre jüngeren Suzanne Treyvoux. Sie heiratete Louis im Sommer 1905.

ausser seinen älteren Bruder, der in Frankreich bereits Wurzeln geschlagen hat. Noch keine 24 Jahre alt, übernimmt Louis in der Neuen Welt Verantwortung und als Pate seines erst zehnjährigen Bruders gewissermassen auch eine Vaterrolle.

1905 schafft der begabte Mechaniker seinen fulminanten Einstieg in die Rennszene. Die Amerikaner lieben Louis' draufgängerischen, unerschrockenen Stil auf der Rennstrecke. Sein lässiges Auftreten, immer eine Zigarette im Mund oder in der Hand, untermauert sein Image als «daredevil Frenchman» (tollkühner Franzose), wie er anfangs von der Presse betitelt wird. Der stämmige 95-Kilo-Mann mit dem markanten Oberlippenbart wird unmittelbar zu einem Star. Ihn bewundert auch die junge Suzanne Treyvoux. Sie begeistert sich für Autorennen. Aus gutem Haus stammend, ist sie zusammen mit ihrer Mutter und ihrer Schwester erst vor Kurzem von Paris nach New York eingewandert. Die Mutter betreibt dort die Niederlassung eines bekannten Pariser Pelzgeschäfts.

Offenbar haben beide Schwestern ein Auge auf den jungen Draufgänger geworfen. Doch schliesslich funkt es zwischen der 17-Jährigen,

Nicht nur auf den Rennstrecken, sondern auch privat war Louis Chevrolet mit Buick-Fahrzeugen unterwegs. Dieses Foto entstand 1914.

zierlichen Suzanne und dem knapp zehn Jahre älteren Rennfahrer. Am 30. Juli wird in der französischen Kirche Saint-Vincent-de-Paul in New York geheiratet. Die Hochzeitsreise führt, gemäss amerikanischer Tradition, an die Niagara-Fälle. Dann geht es wieder zurück auf die Rennstrecke.

Louis und Suzanne sind ein glückliches Ehepaar. Sie begleitet ihn bei seinen zahlreichen Engagements als Rennmechaniker und als Rennfahrer, so zum Beispiel 1906 an den Strand von Ormond in Florida, wo Louis mit dem gewaltigen Darracq-Rennboliden neue Rekorde aufstellt. Suzanne ist sich nicht zu gut, um auf diesem Monstrum mitzufahren. Später wird in einer Zeitungsmeldung vermerkt, dass «Mrs. Chevrolet mit Louis von Daytona nach Ormond Beach fuhr, eine Distanz von 17 Meilen. Auf dieser Überfahrt verfing sich ihr langer Rock in der Mechanik und wurde von ihrem Körper gerissen. Ein Halt wurde eingelegt und ein Regenmantel ausgeliehen, um Mrs. Chevrolet bei ihrer Ankunft eine Peinlichkeit zu ersparen.»

Noch im selben Jahr, am 23. August, tritt Charles in New York als erstes Kind ins Leben von Suzanne und Louis Chevrolet. Charles, mit zweitem Namen Louis, erhält den Rufnamen Charlot und wird zum Liebling des Ehepaars. Er interessiert sich für Autos, für Autorennen und für Flugzeuge, besucht die Purdue-Universität von West Lafayette, Indiana, und wird Industriezeichner. Zusammen mit seinem Vater arbeitet er in der Flugzeugindustrie, ein gemeinsames Patent zeugt davon.

1928 heiratet Charles Anne Blessing, die Tochter eines Eisenbahnangestellten. Sie bringt am 16. September 1929 die gemeinsame Tochter Renée zur Welt. Knappe fünf Jahre später, am 28. Mai 1934, stirbt Charles, erst 28-jährig, an den Folgen einer Niereninsuffizienz. Die ganze Familie ist schockiert. Vor allem Louis ist, nachdem er bereits 1920 seinen geliebten Bruder Gaston verloren hat, tief getroffen. Charlot wird in Indianapolis, neben dem Grab seines ebenfalls früh verstorbenen Onkels, beigesetzt.

Der zweite Sohn der Chevrolets wird am 26. April 1912 in Detroit geboren und auf den Namen Alfred Joseph Etienne getauft. Joseph

Erinnerungsfoto an den schweren Unfall beim Vanderbilt-Rennen von 1905. Louis Chevrolet hatte meistens Glück, verbrachte aber dennoch viel Zeit in Krankenhäusern.

Das Ehepaar Chevrolet wusste sich in sogenannt höheren gesellschaftlichen Kreisen zu bewegen. 1918 trifft es auf den Stummfilmschauspieler Lew Cody (links). Suzanne begleitete ihren Mann oft auf die Rennstrecken (rechts).

ist der mittlere Name seines Vaters, Etienne der Vorname von Louis' Freund Etienne Planche, mit dem er zusammen Autos konstruiert. Alfred ist eine Frühgeburt und hat eine Sprachbehinderung. Im Gegensatz zu seinem Bruder besucht er kein College. Mit 22 Jahren lässt er sich als einfacher Metallarbeiter von der Firma Zenith Carburetor anstellen, einem Zulieferer der Autoindustrie. Hier bleibt Alfred 37 Jahre lang bis zu seinem Tod im Jahre 1971.

Erst nach dem Tod seines Vaters trifft Alfred seine künftige Frau Rose Kish aus South Bend, Indiana. Die beiden heiraten 1944, leben in Detroit in einer Wohnung und kaufen ein Jahr später ein Haus an der Adresse 4713 Balfour Road, wo sie Louis' Witwe aufnehmen. Sie verbringt dort den Rest ihres Lebens. Alfred ist der ruhige Typ und steht im Schatten seines älteren Bruders. «Al und sein Vater waren sich nie nahe. Sein Vater war so beschäftigt mit den Autos», berichtet Rose Chevrolet später.[79] Eine Gemeinsamkeit war anfangs das Zigarettenrauchen. «Wenn die beiden zusammen auf Reisen waren, zündete Alfred jeweils die Zigaretten für seinen Vater an und rauchte mit, gab aber später das Rauchen auf.»[80]

Von 1905 bis Anfang der 1930er-Jahre führen Suzanne und Louis ein aufregendes Leben. Louis macht auf Rennstrecken im ganzen Land Schlagzeilen, entkommt oft nur haarscharf dem Tod, verunglückt und kuriert sich in Spitälern, reist von einem geschäftlichen Engagement zum anderen. Der Einwanderer ist in der Autoindustrie ein gefragter Berater. Häufige Wohnortswechsel sind die Folge dieses unsteten Lebens. In den 36 Jahren, die die Eheleute miteinander verbringen, pendeln sie mehrmals zwischen der Ostküste und dem Mittleren Westen hin und her. Die Stationen sind New York und Philadelphia, dann Flint und Detroit, Plainfield, Indianapolis, Baltimore und wieder Detroit.

Als sich Louis 1908 als Rennfahrer bei Buick verpflichtet, zieht die junge Familie nach Flint. Suzanne und Louis bewohnen ein Haus an der 835 Root Street. In der Öffentlichkeit können sie sich schon nicht mehr unerkannt bewegen. Das erfährt Suzanne am eigenen Leib. Sie ist dem Automobil alles andere als abgeneigt und erwirbt als eine der ersten Frauen den Führerausweis. Ein kleiner Verkehrsunfall, den sie in der Stadt verursacht, erhält beträchtlichen Raum in den lokalen Medien. An einem Juniabend im Jahr 1910 fährt Suzanne in Begleitung ihres Mannes an der Kreuzung von South Saginaw und Kearsley auf das Fahrzeug des Unternehmers J. Dallas Dort auf. Der Zusammenstoss geht jedoch glimpflich aus. Der einzige Schaden sind verbeulte Kotflügel, wird berichtet.[81]

Als William Durant im Frühjahr 1911 Louis für sein neues Autounternehmen engagiert, wohnt der Konstrukteur unter der Woche im New Hotel Brunswick in Detroit. Erst im Sommer zieht die junge Familie von Flint nach Detroit um, an die Adresse 2324 West Grand Boulevard, gut zwei Meilen von der neuen Chevrolet-Fabrik entfernt. Nach seinem Abschied von der Autofirma im Herbst 1913 startet Louis sein Frontenac-Rennwagenprojekt, und auch die Rennstrecken von Amerika haben den erprobten Rennfahrer ab Ende 1914 wieder.

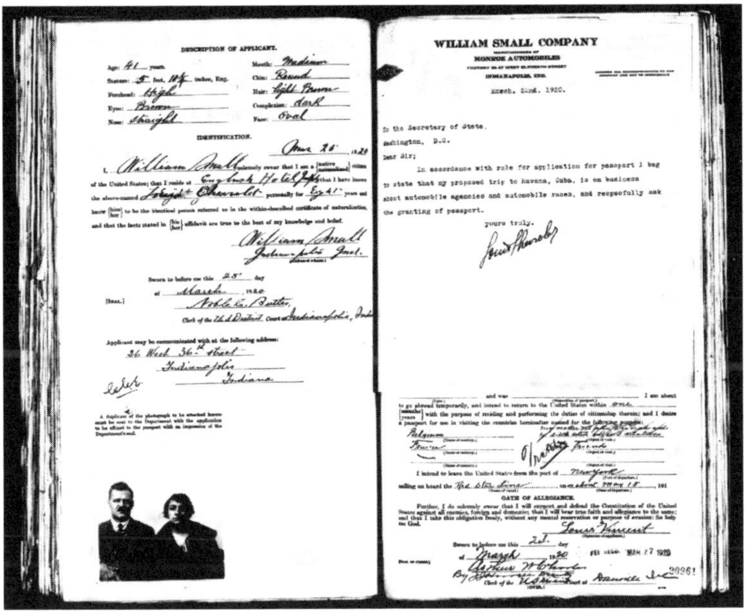

DESCRIPTION OF APPLICANT.

Age: 41 years. Mouth: Medium
Stature: 5 feet, 10½ inches, Eng. Chin: Round
Forehead: High Hair: Light Brown
Eyes: Brown Complexion: dark
Nose: Straight Face: Oval

IDENTIFICATION.

Mar 25, 1920

I, William Small solemnly swear that I am a native citizen of the United States; that I reside at English Hotel that I have known the above-named Louis Chevrolet personally for 41 years and know him to be the identical person referred to in the within-described certificate of naturalization, and that the facts stated in his affidavit are true to the best of my knowledge and belief.

William Small
Indianapolis Ind.

Sworn to before me this 25 day of March, 1920

[Seal.] Noble C. Butler,

WILLIAM SMALL COMPANY
MONROE AUTOMOBILES
INDIANAPOLIS, IND.

March. 22nd. 1920.

To the Secretary of State,
Washington, D.C.
Dear Sir;
In accordance with rule for application for passport I beg to state that my proposed trip to Havana, Cuba, is on business about automobile agencies and automobile races, and respectfully ask the granting of passport.

yours truly.
Louis Chevrolet

1920 plant Louis zusammen mit seiner Frau eine Geschäftsreise nach Kuba und beantragt einen Reisepass. Als Referenz stellt sich Geschäftspartner William Small aus Indianapolis zur Verfügung.

Die grossen Triumphe mit seinen Frontenacs stehen bevor, und diese wird Louis als amerikanischer Staatsbürger feiern können, denn am 26. Juni 1915 wird er naturalisiert. Für das Engagement als Vizepräsident bei American Motors siedelt Louis mit seiner Familie nach Plainfield, New Jersey, um. Schon zwei Jahre später, 1919, kehrt die Familie in den Mittleren Westen zurück und lässt sich in Indianapolis nieder, in einer Stadt, die mit starken Erinnerungen an Louis' frühe Rennerfolge verbunden ist und die den Chevrolets während der nächsten zehn Jahre beträchtlichen Ruhm und gewissen geschäftlichen Erfolg bringen wird.

Materiell geht es der Familie in diesen Jahren gut. Suzanne liebt die schönen Dinge, Louis spielt Golf, pflegt den Schiesssport und die Jagd. Die geschäftlichen Verbindungen entwickeln sich positiv, und das Ehepaar ist viel auf Achse. Selbst eine Geschäftsreise in die kubanische Hauptstadt Havana steht im April 1920 auf dem Plan. Die Chevrolets haben sich in ihrer neuen Heimat gut eingelebt, eine Familie aufgebaut und pflegen zahlreiche soziale Kontakte. Wohl fühlen sie sich vor allem im Clan der Rennfahrer, doch auch vor Begegnungen mit Menschen aus der Geschäftswelt und aus dem Showbusiness scheuen sich Louis und Suzanne nicht.

Eine besondere Aufgabe erhält Louis im Herbst 1921. Die amerikanische Regierung lädt den französischen Marschall Ferdinand Foch zu einer Reise durch die USA ein, wobei ihm Ehrendoktorwürden verliehen werden. Der hohe militärische Gast und Held des Ersten Weltkriegs trifft am 4. November auch zu einer Feier in Indianapolis ein. Hier gehört der Automobilkonstrukteur dem Empfangskomitee an. Er begleitet den Marschall bei der Besichtigung der Rennstreckenanlagen und fungiert als Dolmetscher.[82]

Louis ist definitiv eine Person des öffentlichen Lebens geworden. Bei einem geschäftlichen Aufenthalt in Chicago wird er am 27. Januar 1922 in seinem Taxi in einen Unfall verwickelt. Die «Detroit Free Press» titelt: «Entkommt Verletzungen auf der Rennstrecke, wird bei Taxifahrt verwundet.» Louis ist am Tag vor der Eröffnung der Automobilausstellung unterwegs. Auf der Michigan Avenue stösst sein Taxi mit einem anderen Fahrzeug zusammen. Erste Berichte sprechen von einem Beinbruch. Louis Chevrolet habe allerdings manche schlimmere Zusammenstösse überlebt und sei, abgesehen von einer Quetschwunde, nicht ernsthaft verletzt.[83]

Engen Kontakt pflegen die Chevrolets zu gutsituierten mittelständischen Familien. Da ist beispielsweise die französischstämmige Familie Heftler, die gerne Karten spielt. Ein gewisser Victor R. Heftler hat 1911 in Detroit die Zenith Carburetor Corporation gegründet und sich auch beim Frontenac-Projekt engagiert. Eine Freundschaft verbindet die Chevrolets zudem mit Leonard Willeke, einem renommierten Architekten, der viele der Häuser im aufstrebenden Detroit baut und grosse Aufträge für die Ford-Familie ausführt. Louis und Suzanne he-

Auch in den 1920er-Jahren fährt Louis Chevrolet immer noch Buick. «Einst war er der König auf den Rennstrecken Amerikas, jetzt lebt er ein weniger risikoreiches Leben als Geschäftsmann in Indianapolis», heisst es auf dem Pressefoto.

ben auch nicht ab, selbst wenn sie mit so berühmten Familien wie den Edsel Fords verkehren – Edsel Ford ist der Sohn von Henry Ford und präsidiert das Autounternehmen von 1919 bis zu seinem Tod im Jahr 1943.

Nach einem erfolglosen Abstecher an die Ostküste – das Flugzeugmotorenprojekt fällt in die schwere wirtschaftliche Depression der 1930er-Jahre und bricht zusammen – richten sich die Chevrolets in Detroit ein. Sie finden ein Haus im Osten der Stadt an der 2595 Lakewood Street. Die Wintermonate verbringt das Ehepaar in einer bescheidenen, gemieteten Wohnung in Lake Worth in Florida. Louis arbeitet kurz bei Chevrolet, dann als Vertreter und schlägt sich auch mit Promotionsaufträgen durch. Immerhin: Die Abfindung, die der Autopionier für den Verkauf seiner Namensrechte an die Firma Chevrolet erhalten hat, sichert dem Ehepaar eine bescheidene Jahresrente.

Von seinem ersten Hirnschlag im Jahre 1934 sollte sich Louis nie mehr ganz erholen. Der Zigarette entsagt er dennoch nicht. Anfang 1938 zwingen ihn weitere Hirnblutungen und eine Herzattacke, in den Ruhestand zu treten. Einige Monate später besucht ein Zeitungsreporter das Ehepaar Chevrolet in seinem Haus in Detroit und berichtet:

«Erinnerungen sind so ziemlich alles, was geblieben ist vom spektakulären Leben, das Louis Chevrolet von La Chaux-de-Fonds nach Paris und schliesslich in die USA führte, wo er einer der grössten Rennfahrer aller Zeiten wurde.»[84]

Louis kann sich bald nicht mehr hinters Steuer setzen. «Es war anfangs ziemlich hart für mich, in einem Auto zu sitzen und jemand anders fahren zu lassen, aber ich gewöhne mich langsam daran», erklärt er gegenüber einem Reporter. Auf den gelegentlichen Reisen an die Ostküste oder nach Florida lässt sich der Rennveteran von seiner Frau chauffieren.

1940 kehrt er noch einmal nach Flint zurück, in die Stadt, die ihn als Buick-Rennfahrer und als Mitbegründer der expandierenden Firma Chevrolet kennt. Louis nimmt am «GM Oldtimers Event» teil. Der Anlass wird vom lokalen Flint City Club ausgerichtet, einer 1931 von William C. Durant gegründeten privaten Vereinigung lokaler Geschäfts- und Kaderleute, die zumeist als GM-Manager tätig sind. Herzlich empfangen wird der Autopionier von Buick-Chef Harlow

1940, ein Jahr vor seinem Tod, ist Louis Chevrolet Gast des Flint City Clubs, einer Vereinigung von lokalen Geschäftsleuten. Herzlich empfangen wird der ehemalige Rennfahrer und Mitbegründer der Firma Chevrolet von Harlow Curtice, dem Chef von Buick.

Curtice, der später GM-Präsident werden sollte. Louis ist vom Tode gezeichnet, es ist vermutlich der letzte öffentliche Auftritt des Mannes, dessen Namen bereits Millionen von Automobilen tragen.

Bald muss sich Lous einer Beinamputation unterziehen, und am 6. Juni 1941 hört sein Herz zu schlagen auf. Er findet seine letzte Ruhestätte bei den Gräbern seines Bruders Gaston und seines Sohnes Charlot auf dem «Holy Cross and Saint Joseph»-Friedhof in Indianapolis. Obwohl Kriegsnachrichten breiten Raum einnehmen, verbreiten Tageszeitungen von Los Angeles bis New York am 7. Juni die Todesnachricht unverzüglich. Die Depesche wird gleichentags auch von der «Neuen Zürcher Zeitung» veröffentlicht, und nur wenige Tage später, am 10. Juni, hält die «Schweizerische Automobilrevue» fest:

«In seinem Heim in Detroit ist am vergangenen Freitag unser Landsmann Louis Chevrolet in seinem 63. Altersjahr gestorben. Der Hinschied dieses Mannes berührt uns nicht nur deshalb, weil mit ihm einer der Pioniere des Automobils und der Schöpfer des nach ihm benannten Wagens verschwindet, sondern auch weil Chevrolet zu den unsrigen zählt.»

Die letzte Ruhestätte von Louis Chevrolet auf dem «Holy Cross and Saint Joseph»-Friedhof in Indianapolis. Rechts die Grabsteine seines Bruders Gaston und seines früh verstorbenen Sohnes Charlot.

Erinnerungen an Louis Chevrolet

Im Oktober 1927 wird Merle G. Randall in Houghton Lake Heights in Michigan geboren, einem Tourismusort gut 130 Autobahnmeilen nördlich von Flint. Merle wächst zusammen mit zwölf Geschwistern auf und erhält bald den Übernamen «Pinky». Knapp fünfjährig wird «Pinky» in den Kindergarten geschickt. Auf dem Schulweg entdeckt er bei einer Frau Izner ein brandneues 1932er Chevy Coupé, mit blauer Karosserie, schwarzen Kotflügen und gelben Rädern, und kann sich davon kaum mehr losreissen.

«Ich erinnere mich an dieses Auto, und ich wusste, dass es ein Chevrolet ist», erzählt Pinky Randall. So begann seine Liebe zu den Chevies, und er sagte damals, dass er eines Tages Frau Izner dieses Auto abkaufen werde. Doch es ging dem jungen Pinky nicht nur um Autos, sondern auch um Louis Chevrolet. «Er war mein Kindheitsidol, und ich sagte immer, dass ich Herrn Chevrolet gerne eines Tages treffen würde.» So weit kam es nicht. Pinky war erst gerade in der High School, als Louis 1941 starb.

Nach seinem Schulabschluss im Jahre 1945 begann Pinky mit der Suche nach Informationen über sein Idol. In der kleinen, örtlichen Bibliothek war nur Material über Henry Ford zu finden. «Das störte mich, denn ich wollte mehr über Louis Chevrolet erfahren, aber ich konnte nicht.» Er begann, aus den Sonntagszeitungen von Detroit Artikel über die Geschichte der Firma Chevrolet und über die Chevrolet-Familie zu sammeln, befragte Pensionierte von GM und nahm auch Kontakt mit der Firma Chevrolet auf.

Die Louis-Chevrolet-Gedenkstätte in Indianapolis besteht unter anderem aus vier grossen Bronzetafeln. Diese zeigt den Rennfahrer Tommy Milton im siegreichen Frontenac-Wagen von 1921. Stehen von links nach rechts: Captain E.V. Rickenbacker, Fliegerass und Rennfahrer, Col. A.W. Herrington, Rennfahrer Louis Schwitzer und Ingenieur Cornelius W. Van Ranst.

Zusammen mit seiner Frau Joyce betrieb Pinky einen kleinen Supermarkt und arbeitete täglich 16 bis 18 Stunden. Die hohe Arbeitslast schlug dem jungen Mann auf den Magen. Den energischen Rat seines Arztes befolgend, vertiefte sich der Familienvater noch bewusster in sein Hobby: Chevrolet. Die Autosammlung wuchs – dazu gehörte auch Frau Izners Chevy Coupé –, und Pinky trat mehreren Autoclubs bei. Er wird später zu einem der bekanntesten Sammler in den USA. In Fachkreisen und Autozeitschriften nannte man ihn bald Mr. Chevrolet.

Anfang der 1960er-Jahre fand der unermüdliche Chevy-Enthusiast endlich den Draht zu den Familienangehörigen seines Kindheitsidols. Der Sammler war in Detroit bei Chevrolet und rief Louis' Witwe, Suzanne Chevrolet, an. Sie wusste zunächst nicht, was sie daraus machen sollte, doch nach weiteren Telefonaten und Briefkontakten mit Pinky stimmte sie dem Vorschlag zu, die Ehrenmitgliedschaft des noch jungen, erst 1961 gegründeten Vintage Chevrolet Club of America (VCCA) entgegenzunehmen.

Pinky Randall und sein Clubkollege Edward Dunlap fuhren am Montag, dem 16. März 1964, mit einem 1915 Chevy Baby Grand Touring

Im März 1964, zwei Jahre vor ihrem Tod, erhält Suzanne Chevrolet die Ehrenmitgliedschaft des Vintage Chevrolet Club of America. Pinky Randall überreicht die Urkunde.

nach Detroit. Suzanne Chevrolet bestieg den kleinen Wagen und empfing das eingerahmte Dokument. Gegenüber der Presse erklärte sie, es sei wie in den alten Tagen, als sie, eine der ersten Frauen mit Fahrausweis, sich hinters Lenkrad gesetzt habe.[85] An diesem Nachmittag im März sass Suzanne zu Hause mit ihren Gästen zusammen, holte persönliche Dinge ihres Mannes hervor und frischte Erinnerungen auf. Die Begegnung fand selbst beim «Time Magazine» Beachtung. Es bezeichnete die Ehrenmitgliedschaft als glänzende, aber verspätete Idee.[86]

Suzanne starb zwei Jahre später. Ihr Sohn, Alfred Chevrolet, wollte die Memorabilia und die fotografischen Erinnerungen seines Vaters nicht behalten, sondern einem Museum vermachen. «So sandte ich alles nach Indianapolis», erklärte seine Witwe später.[87] Dort hatte sich inzwischen eine Gruppe zusammengetan, die ein Louis-Chevrolet-Denkmal plante. Es sollte zu Ehren des «grossen Autopioniers Louis Chevrolet» errichtet werden und an den Ingenieur, Erfinder, Designer und Sportsmann erinnern, wie es in einer Ausschreibung vom November 1965 heisst.

Für dieses Projekt gründeten die «Speedway Old Timers» ein «Chevrolet Memorial Committee». Ihm gehörten so berühmte Rennfahrer an wie Ray Harroun, der Sieger des ersten Indy-500-Rennens, Eddie V. Rickenbacker, ein hochdekoriertes Fliegerass aus dem Ersten Weltkrieg und früherer Besitzer der Indianapolis-Rennstrecke, sowie der Rennfahrer Louis Schwitzer Senior. Letzterer betonte: «Chevrolet war ein lieber und enger Freund, und ich denke, dass er nicht die Ehrung erhalten hat, die er verdient. Bringen wir das in Ordnung.» Konzipiert wurde eine Exedra nach griechischem Vorbild, ein Memorial, das auf dem Gelände der berühmten Rennstrecke gleichzeitig mit dem Neubau des «Hall of Fame»-Museums entstehen sollte. 1975 wurde die Gedenkstätte fertiggestellt.

Ein Halbkreis aus weissem Marmor präsentiert seither vier bronzene Reliefs, die Höhepunkte aus Louis Leben zeigen. Auf dem ersten Relief ist eine Situation festgehalten mit Henry Ford am Steuer des Fronty-Ford, der 1923 erfolgreich am Indy-500-Rennen teilnahm. Hinter dem Wagen stehen Barney Oldfield, Louis Chevrolet, davor Harvey Firestone. Das zweite Relief erinnert an Gaston Chevrolet, den Gewinner des Indy-500-Rennens von 1920 auf Frontenac, das dritte an Tommy Milton, der im darauffolgenden Jahr auf Frontenac gewann. Im vierten Relief sind William C. Durant und Louis mit dem Chevrolet Classic Six abgebildet.

Auf der Rückseite des Halbkreises sind 200 Namen eingemeisselt, ein Name für jede Runde des Indianapolis-Rennens. Es sind Namen, die mit der Rennstrecke verbunden sind: Rennfahrer, Indy-500-Gewinner, Rennpromotoren, -organisatoren, prominente Frauen und Männer aus der Geschäftswelt und aus dem Bildungswesen. Der VCCA sorgte dafür, dass auch der Name von Suzanne Chevrolet dort steht.

Ins Zentrum des Halbkreises wurde eine Marmorsäule platziert, auf der Louis Chevrolets bronzene Büste in eineinhalbfacher Lebensgrösse ruht. Louis' Kopf modellierte der Bildhauer Adolph Wolter nach dem Vorbild von Alfred Chevrolet. Er konnte noch vor seinem frühen Tod im Jahre 1971 Modell stehen. Für die Gedenkstätte, die für ein Budget von rund 40 000 US-Dollar geschaffen wurde, leisteten, neben den Sponsoren der 200 Namen, auch die Firmen Ford und GM ihre Beiträge.

Bei der Familie selbst löste das Memorial allerdings gemischte Gefühle aus. «Es kam ein bisschen spät», kommentierte Rose Chevrolet, und meinte: «Natürlich war ich enttäuscht, als ich sah, dass das Chevrolet-Memorial nicht vor dem Haupteingang des Museums steht, sondern abseits, neben dem kleinen Geschenkladen.»

Als Alfred Chevrolet 1971 starb, wussten nur wenige, dass er Louis Chevrolets Sohn war. «Er suchte nie das Rampenlicht, in dem sein Vater stand. Er sagte mir jeweils: Das war die Welt meines Vaters. Wir werden in unserer Ecke dieser Welt leben», erklärte seine Witwe kurz nach dem Tod von Alfred gegenüber der Presse.[88]

Rose, die als letzte direkte Verwandte den Namen Chevrolet trug, blieb diesem Grundsatz weitgehend treu. Interviewanfragen lehnte

Pinky Randall im April 2010 mit seinem frisch restaurierten 1914 Chevrolet Light Six: «Louis Chevrolet war mein Kindheitsidol.»

sie ab, so auch diejenige des «Indianapolis Star» Mitte der 1980er-Jahre. «Ich bin einfach nicht interessiert. Es ist eine vergangene Geschichte, und ich will sie nicht zurückbringen.»[89] Wurde sie in einem Laden oder in der Bank angesprochen und gefragt, ob sie nicht wünschte, die Millionen der Chevrolets zu haben, antwortete sie: «Welche Millionen?», und liess das Gespräch dabei bewenden.

Erst im Frühjahr 1988 liess sich Rose auf Fragen ein. Sie gewährte Pinky Randall am 13. März ein längeres Interview. Zuvor hatte Rose, im Zeichen des 75-Jahr-Firmenjubiläums, von Bob Berger, dem damaligen Chevrolet General Manager, ein Buch zur Chevrolet-Geschichte empfangen. Er schrieb:

«Ihr Schwiegervater war ein Mann, der seiner Zeit voraus war. Er hat uns ein reiches Erbe hinterlassen, das weiterlebt und sich zweifellos bis weit ins nächste Jahrhundert erstrecken wird. Ich bin sicher, dass Sie, wie wir auch, stolz sind, ein Teil der Chevrolet-Familie zu sein.»

Interesse an Louis Chevrolet, seinen Leistungen und seiner Familie zeigte wenige Jahre später auch die offizielle Schweiz. Im Zeichen ihres 700. Geburtstags richtete sie, zusammen mit amerikanischen Geschäftsleuten und Diplomaten, am 13. und 14. Juni 1991 in Indianapolis eine Feier aus. Zum Auftakt legte der Schweizer Botschafter in den USA, Edouard Brunner, am Louis Chevrolet Memorial einen Kranz nieder. Höhepunkt der zweitägigen Festivitäten war ein Galadinner. Viele der Familienangehörigen und Verwandten von Louis Chevrolet sahen sich dabei zum ersten Mal. Anwesend waren Behördenmitglieder aus der Geburtsstadt La Chaux-de-Fonds, Vertreter der Chevrolet Motor Division und des Autohandels und Pinky Randall.

Pinky Randall blieb ein engagierter Sammler, auch nachdem er GM einen Teil seiner Kollektion verkauft hatte. Im Frühling 2010 wurde ein wichtiges Restaurationsobjekt fertiggestellt. Es handelt sich um einen Light Six des Modelljahrs 1914, den Pinky bereits 1984 erworben hatte. Vermutlich wurden davon nur etwa 500 Exemplare gebaut, und bisher hat der Chevy-Enthusiast kein zweites gesehen. Den Light Six bezeichnet Pinky als kleinere Version des Classic Six. Der vollständig restaurierte, schwarz und blau lackierte Tourenwagen ist damit eine Hommage an den Schweizer Autokonstrukteur. Und: Louis Chevrolets Schriftzug glänzt auf dem Armaturenbrett sowie auf den polierten Radnaben.

Die bronzene Büste von Louis Chevrolet blickt in Richtung des Indianapolis Motor Speedway Hall of Fame Museums.

Die Spurensuche

Wer sich mit einer Biografie beschäftigt, macht sich auf die Reise. Im Fall von Louis Chevrolet beginnt sie in La Chaux-de-Fonds. In ländlichem Umfeld auf 992 Metern über Meer gelegen, wird die 1656 gegründete Gemeinde seit Anfang des 19. Jahrhunderts von der Uhrenindustrie geprägt. Aussergewöhnlich ist das rechtwinklig angeordnete Strassennetz, das an amerikanische Städte erinnert. Seit 2009 auf der Liste des Weltkulturerbes der UNESCO, hat La Chaux-de-Fonds Berühmtheiten wie den Romancier Blaise Cendrars, den Architekten, Maler und Bildhauer Le Corbusier hervorgebracht, und eben Louis Chevrolet.

Doch an den Autopionier erinnert heute in der Stadt nur wenig. In einem Industriegebiet am südwestlichen Stadtrand wurde die Rue Louis-Joseph Chevrolet geschaffen. Eine Tafel erinnert an den «Con-

In einem Industriequartier von La Chaux-de-Fonds erinnert eine schlichte Tafel an die Herkunft von Louis Chevrolet.

Der Platz Louis Chevrolet in Bonfol, markiert durch eine Tafel am Gemeindehaus, existiert seit 1991, dem 50. Todestag des Autopioniers.

structeur d'Automobiles». Ihm sei es nach seiner Emigration nicht vergönnt gewesen, je wieder seine nheimatlichen Boden zu betreten, heisst es auf der offiziellen Homepage der Stadt. Im Stadtzentrum, wo einst Louis' Geburtshaus stand, wurde in den 1960er-Jahren ein hohes Appartmenthaus gebaut. Aber es ist kein Hinweis auf den bekannten Sohn der Uhrenstadt zu finden.

Gut 70 Kilometer nordöstlich, nahe der französischen Grenze, liegt Louis' Heimatort Bonfol. Das Industriedorf hatte seine wirtschaftliche Blüte noch zu Louis' Lebzeiten, zählt heute weniger als 700 Einwohner und ist am ehesten wegen einer Sondermülldeponie bekannt. Ich setze mich an einem spätsommerlichen Tag zum Mittagessen ins «Croix Fédéral» (Schweizer Kreuz). Dessen Fassade ist alt, die Sonnenstore über der Gartenwirtschaft ist teils zerschlissen, doch das Essen ist gut und günstig, die Bedienung höflich. Die jüngere Frau, eine Französin, spricht mit Gästen am Nebentisch und schwärmt vom neuen Chevrolet Camaro. Sie habe eigentlich gar nichts mit Autos am Hut, aber das Sportcoupé gefalle ihr schon ausserordentlich gut, macht sie auf Nachfrage deutlich.

Beurnevésin, das Nachbardorf von Bonfol, ist eine weitere Station der Familie Chevrolet, bevor sie 1886 nach Frankreich auswandert.

Vis-à-vis steht das Gemeindehaus, und neben dem Haupteingang hängt eine kleine Tafel mit dem Vermerk «Place Louis Chevrolet». Dieser Platz – er ist in den GPS-Navigationskarten vermerkt – wurde 1991 zum 50. Todestag von Louis Chevrolet feierlich eingeweiht. Wer hier mit der Fotokamera tätig wird, fällt auf. Unvermittelt werde ich von einem Mann angesprochen, der sich als Hausmeister zu erkennen gibt. Die Gemeinde Bonfol habe vor Kurzem auch den Fussballplatz zum «Stadion Louis Chevrolet» benannt, erklärt er stolz.

Später kommt es zur Begegnung mit dem nebenamtlich tätigen Gemeindemann, und mit Pierre Barras, dem Autor des Buches «L'aventure Louis Chevrolet». Barras kramt dies und das aus seiner ledernen Mappe hervor, schildert, wie er belegen konnte, dass Louis Chevrolet aus Bonfol stammt, oder erzählt von seiner Begegnung mit Louis' Enkelin Renée Goeke. Gemeindeammann Jean-Denis Henzelin lässt die Feier zur Einweihung des «Place Louis Chevrolet» Revue passieren und erklärt, dass von den ursprünglich zwei Familienzweigen der Chevrolets von Bonfol niemand mehr hier lebe, dass man auch nicht mehr sagen könne, in welchem Haus die Chevrolets einst gewohnt hätten.

In diesem Haus an der Rue Maufoux 20 in Beaune wohnte die Familie Chevrolet gegen Ende des 19. Jahrhunderts. Hinter dem Schaufenster links betrieb Vater Joseph-Félicien einen Uhrmacherladen.

Die benachbarte Gemeinde Beurnevésin, eine weitere Station der Familie, ist ein verschlafenes Bauerndörfchen mit 144 Seelen und einer Herberge. Es geht 200 Kilometer weiter nach Westen, meist über eine gut ausgebaute Autobahn, nach Beaune, ins Zentrum des Weinbaugebietes Côte de Beaune im Burgund. Das Städtchen mit heute 22 000 Einwohnern ist stolz auf seine Geschichte und auf seine historischen Bauten.

Ins malerische Zentrum führt eine enge Strasse, die Rue Maufoux. Am Haus mit der Nummer 20 informiert ein steinernes Schild an der Hausmauer diskret: «Louis, Arthur und Gaston Chevrolet, Automobilpioniere, haben Ende des 19. Jahrhunderts in diesem Gebäude gelebt.» Im Erdgeschoss öffnet ein Mann gerade seinen antiquarischen Buchladen. Er heisst sinnigerweise «Tausend und ein Blatt», und ich komme ins Gespräch mit Alphonse Chavroche. Ja, in diesem Haus hätten die Chevrolets gelebt, bestätigt er und verweist auf die benachbarte Tür. Dort habe der Vater der Familie damals sein Uhrengeschäft geführt.

Louis, Arthur und Gaston sind auf einer steinernen Tafel an der Rue Maufoux von Beaune verewigt.

Der Besuch im Tourismusbüro bringt keine neuen Erkenntnisse, und auch auf der Homepage von Beaune ist der Name Chevrolet nicht zu finden. Ich tippe Gaston Chevrolet in mein Navigationsgerät. Drei Kilometer später erreiche ich ein anonymes Industriequartier, das in der Nähe der Autobahn liegt, und entdecke die Avenue Gaston Chevrolet. Die Strassenschilder wirken neu, doch der Zusammenhang fehlt. Kein Tourist wird sich hier je die Zeit vertreiben, falls er sich überhaupt hierhin verirrt. Warum es eine solche Strasse gibt, ist rätselhaft, und gemunkelt wird, die Stadt habe die Namen von Gaston und Louis verwechselt.

Markanter ist die Chevrolet Avenue in Flint. Sie erinnert seit etwa 1918 aber nicht an die Person Louis Chevrolet, sondern an die Fabriken, die der Stadt nördlich von Detroit zu grosser Prosperität verhalfen. Die Chevrolet Avenue führt vorbei am früheren General Motors Institute, wo heute die Kettering University als Technische Hochschule junge Ingenieure ausbildet, und durchquert eine Senke. Hier befand sich, in der Blütezeit der Autofirma, ein grosses Gelände mit Chevrolet-Fabriken, das «Chevy in the hole» genannt wurde. Einst gab es hier 20 Gebäude, davon acht Produktions- und Montagefabriken. Mitte der 1990er-Jahre begann GM schrittweise, diese Fabriken zu schliessen, und schon 2004 wurde das letzte Gebäude geschliffen.

Die Chevrolet Avenue in Flint ist keine Hommage an den Schweizer Auswanderer, sondern wurde im Zeichen der prosperierenden Chevy-Fabriken um 1918 so benannt.

Geblieben sind leere Parkplätze und Betonfelder und die Chevrolet Avenue.

Richtig prunkvoll im Vergleich zu den Strassenschildern und Erinnerungstafeln zeigt sich das Louis Chevrolet Memorial in Indianapolis. Der marmorne Halbkreis mit den vier Bronzereliefs und das bronzene Abbild von Louis trotzen seit 1975 Wind und Wetter. Der Standort auf dem Gelände der Indianapolis-Rennstrecke ist passend. Nur, wer das Speedway-Museum besucht, sieht das Memorial erst dann, wenn er mit seinen Tickets zu den Tourbussen geht. Um ein Memorial zwischen wartenden Bussen und einem Geschenkshop handelt es sich hier.

Ein Gespräch mit dem Rennstreckenhistoriker deutet an, dass die Gedenkstätte in Indianapolis nicht unbestritten ist. «Wir wissen eigentlich nicht genau, was dieses Memorial soll», erklärt Donald Davidson. In der Tat, bereits als sich in den 1960er-Jahren das «Louis Chevrolet Memorial Comittee» formierte, gab es kritische Stimmen. Andere Rennfahrer hätten ebenfalls eine Gedenkstätte verdient, hiess

Leere Parkplätze sind geblieben: Die Chevy-Fabriken von Flint hingegen wurden längst dem Erdboden gleichgemacht.

es. Warum sollte die Wahl ausgerechnet auf Louis Chevrolet fallen, auf einen Rennfahrer, der selber kein einziges Indy-500-Rennen gewonnen hat?

Es gehört, so musste ich erfahren, zum Mysterium von Louis Chevrolet, dass man ihn und sein Leben entweder gar nicht kennt, seiner nur halbherzig gedenkt oder dass man seine Person überhöht darstellt. Weil dieser Mann und sein Werk in der Tat schwer fassbar sind, macht jeder daraus, was er will. Louis bietet als Rennfahrer, als Mitbegründer einer grossen Automarke, als Konstrukteur und als Unternehmer viele Ansatzflächen, die von Individuen, von Unternehmen oder von anderen Organisationen fast nach Belieben genutzt werden können.

Es ist auch nicht verwunderlich, dass der Name Louis Chevrolet kommerzielle Interessen anzieht. So gelang es einem mittelständischen Unternehmer aus der jurassischen Heimat des Auswanderers, dessen Namensrechte für eine Uhrenmarke zu sichern. André Saunier, ein erfahrener Mann der Uhrenbranche, betreibt in Pruntrut, nur gut

LOUIS CHEVROLET
NEVER GIVE UP
YOKOHAMA

zehn Kilometer von Bonfol entfernt, einen Zulieferbetrieb für Uhrenteile. Dabei liess es der Mann, der früher bei Breitling arbeitete, nicht bewenden. 2006 lancierte Saunier seine erste Kollektion von Louis-Chevrolet-Uhren.

In Pruntrut werden seit 2006 unter dem Namen Louis Chevrolet Schweizer Uhren gefertigt.

Laufend werden neue Modelle von Damen- und Herrenuhren kreiert, und der Familienbetrieb ist mit viel Leidenschaft am Werk. An der Aussenfassade der kleinen, aber modern eingerichteten Fabrik prangt gross der Schriftzug Louis Chevrolet, im Empfangsbereich zeigt ein restaurierungsbedürftiger Chevy-Oldtimer, dass es hier wirklich um den Autopionier geht. Zwei Besprechungsräume im Erdgeschloss sind mit Chevrolet-Fotos dekoriert und präsentieren eine Vielzahl von Chevrolet-Memorabilia, die die Familie über die Jahre gesammelt hat.

«Wir wollen mit unseren Uhren die Passion dieses Mannes verkaufen», unterstreicht Juniorchef Anthony Saunier, der für die technische Umsetzung der Uhrenentwürfe verantwortlich ist. Die Louis Chevrolet Watch Company baut den Vertrieb schrittweise auf und hat ihre Markenrechte bereits in 90 Ländern eingetragen. Auch dabei ist das Unternehmen sehr kreativ. Ein Land im Fernen Osten verlangte hartnäckig nach einer Unterschrift von Louis Chevrolet selber. Die Sauniers fragten kurzerhand einen Bauern aus der Gegend und lieferten die Unterschrift eines noch lebenden Louis Chevrolet. Damit war das Problem gelöst.

Mit mindestens so viel Herzblut organisiert eine Gruppe von Westschweizern seit 1997 eine markenoffene Oldtimerrally, die ganz dem Andenken an den Autopionier aus dem Jura gewidmet ist. Der Anlass war auf die Anregung eines Familienmitglieds entstanden und wird vom Neuenburger Tourismusbüro mitgetragen. Mittlerweile ist die Firma Chevrolet Suisse SA als Sponsorin eingestiegen.

André Rochat, der in Lausanne eine Public Relations- und Eventmanagement-Agentur betreibt, ist der Kopf des zehnköpfigen Organisationsteams. Die Rally versammelt jedes Jahr 50 bis 70 historische Fahrzeuge und ihre stolzen Besitzer. Sie kommen aus der Schweiz, aus Deutschland, Holland, Belgien sowie aus Frankreich und unternehmen mehrtägige Fahrten durch die Schweiz und durchs nahe Ausland. Ein Galadiner sowie die Fahrzeugpräsentation auf dem Marktplatz von La Chaux-de-Fonds sind jeweils die abschliessenden Höhepunkte der Veranstaltung.

Ein eindeutiges Image hat Louis Chevrolet in der Rennszene. Hier geht es um Siege und um Geschwindigkeiten, Faktoren, die ziemlich genau messbar sind. Bereits elf Jahre nach seinem Tod wurde Louis Chevrolet im Jahr 1952 in Indianapolis in die Hall of Fame aufgenommen. Seit 1969 anerkennt die Automotive Hall of Fame von Dearborn, Michigan, Louis' Erfolge als Konstrukteur und Rennfahrer. 1992 folgte die International Motorsports Hall of Fame in Talladega, Alabama, mit einer weiteren Würdigung. Darin heisst es: «Mit seiner Vorstellungskraft und seinem Können diente er der Automobilindustrie, dem Rennsport und der Öffentlichkeit gleichermassen. Sein Name und seine Erfindungen werden nie vergessen gehen.»

Auch in der Schweiz war es die Rennsportgemeinde, die Louis Chevrolet und seinem Bruder Gaston Respekt zollte. Die beiden wurden auf einer Ehrentafel, der sogenannten «Wall of Fame», verewigt, neben über 50 weiteren Rennfahrern, Technikern, Teammanagern, Funktionären, Sponsoren und Förderern, die in den letzten 100 Jahren Herausragendes für den Motorsport geleistet haben. Dazu zählen unter anderem Legenden wie Ernest Henry, Jo Siffert, Clay Regazzoni, Peter Sauber und Mario Illien.

Erst im November 2010 wurde diese Ehrentafel in Romanshorn am Bodensee enthüllt. Sie passt perfekt in den Autobau, eine vor wenigen Jahren eröffnete Institution, die die Sammlung des Unternehmers und früheren Rennfahrers Fredy Lienhard bewirtschaftet. Seine Absicht ist es, die menschliche Seite des Motorsports zu zeigen. Auf der einen Seite gibt es im Autobau viele Rennautos und sportliche Strassenfahrzeuge zu sehen, die die Technik und ihren Fortschritt dokumentieren, Schweizer Konzepte und Visionen, die den Weg in die automotive Zukunft skizzieren. Auf der anderen Seite präsentiert und ehrt die «Wall of Fame» Menschen aus der Schweiz, die an der Entwicklung des Motorsports, wie eben Louis Chevrolet, wesentlichen Anteil hatten.

Der Schweizer Rennfahrer und Autosammler Fredy Lienhard enthüllt im November 2010 eine Ehrentafel. Darauf werden unter anderen Louis und Gaston Chevrolet gewürdigt.

FISHER BODY

Chevrolet erlebte in Flint einen ungeahnten Aufschwung. Diese Aufnahme aus den 1920er Jahren zeigt Fabrikarbeiter, die nach Arbeitsschluss die Werkshallen verlassen.

Die Firma, die seinen Namen trägt

Vier Giessereien, zehn Schmieden, drei Wagenfabriken und sieben Sägereien gibt es, als die Gemeinde Flint 1855 gegründet wird. Der 1819 von einem Pelzhändler gegründete Ort liegt 70 Meilen nordwestlich und noch etwas abseits vom grossen Handels- und Industriezentrum Detroit. Dank der florierenden Nutzholzindustrie wächst das kleine Städtchen bis in die 1880er-Jahre auf 8000 Einwohner an, und es entwickelt sich bald zu einem der wichtigsten Zentren der Pferdekutschenindustrie Amerikas. Bereits Ende des 19. Jahrhunderts werden in Flint 100 000 Pferdewagen jährlich hergestellt. Flint wird, lange vor dem Aufschwung der Autoindustrie, zur «Vehicle City». Die stählernen Bögen, die sich im Stadtzentrum über die mit Backsteinen gepflasterte Saginaw-Strasse wölben, zeigen den Stolz der Einwohner auf diese Industrie.

Zu dieser Entwicklung der Fahrzeugindustrie hat William Durant viel beigetragen, er gehört 1883 zu den Gründern der Flint Road Cart Company, der späteren Durant Dort Carriage Company. Mit grossem Verkaufs- und Organisationstalent macht Durant den Schritt von der reinen Montage- zur eigenständigen Produktion, baut eine eigene Zulieferindustrie sowie ein landesweites Netz von Vertretungen und Beteiligungen auf. 1906, auf dem Höhepunkt der Pferdewagenkonjunktur, verlassen 56 000 Fahrzeuge die Fabriken von Durant-Dort in Flint. Rund 1000 Angestellte produzieren täglich bis zu 480 Wagen.

1900 wird in Flint das erste Automobil gebaut, und bald werden, noch in bescheidenem Rahmen, Benzinkutschen hergestellt. Innert zweier Jahrzehnte wird sich Flint zur Automobilstadt wandeln, zur Heimat der Marken Buick und Chevrolet avancieren, die später zu Weltmarken aufsteigen. Die Geschichte dieser beiden Unternehmen, die 1903 respektive 1911 gegründet werden, zeigt erstaunlich viele Parallelen. Am Anfang stehen talentierte Konstrukteure wie der aus Schottland stammende David Dunbar Buick und der Schweizer Louis Chevrolet. Sie entwerfen die ersten Fahrzeuge, verlassen aber die Firmen, die ihren Namen tragen, nur wenige Jahre nach der Gründung, David Buick im Jahr 1906 und Louis Chevrolet im Jahr 1913. Beide verkaufen ihre Aktien und profitieren nicht mehr vom Aufstieg dieser Unternehmen.

Beide Firmen werden in Detroit gegründet, und erst nach ihrer Umsiedlung nach Flint werden die Automobilunternehmen erfolgreich. Es sind ausserdem dieselben Leute, die die jungen Unternehmungen übernehmen respektive kontrollieren und zur Blüte bringen. Allen voran stehen William C. Durant als Investor sowie William H. Little und A.B.C Hardy als Manager der neuen Autofabriken.

Der Aufschwung von Chevy beginnt, als Durant 1913 die Chevy-Operationen in Flint zusammenführt und neue, relativ günstige Wagen lanciert. Es sind dies der Royal Mail Roadster, der Baby Grand Touring und der Light Six. Der hochpreisige, von Louis Chevrolet konzipierte Classic Six wird noch bis 1914 im Modellprogramm geführt. 1913 verdoppeln sich die Verkäufe auf 5987 Fahrzeuge. Im folgenden Jahr werden 5005 Wagen produziert, doch Durant weiss, dass die Zeit gekommen ist, das erfolgreiche T-Modell von Ford anzugreifen.

Arbeiter verlassen nach Schichtende die Chevrolet-Fabrikhallen von Flint. In den 1920er Jahren blüht das Unternehmen. Es bringt Arbeitsplätze und Wohlstand in die aufstrebende Stadt nordwestlich von Detroit.

Landesweit entstehen Verkaufsniederlassungen, in Oakland, Kalifornien, Kansas City, Missouri, und in Atlanta, Georgia. Hinzu kauft Durant auch eine Fabrik in Tarrytown, New York, um von diesem Standort aus die Ostküste mit Fahrzeugen zu versorgen.

G17·386

1915 lanciert der Meisterverkäufer für das Modelljahr 1916 den Chevrolet 490. Als bisher günstigstes Modell in der Palette tritt dieses in direkte Konkurrenz mit dem Ford-T-Modell, das zum gleichen Preis angeboten wird. Bestellungen lassen nicht auf sich warten. Der 490 wird ein grosser Erfolg, und die Verkäufe explodieren 1916 auf gut 70 700 Autos, ein dramatisches Plus gegenüber den 13 605 Fahrzeugen, die 1915 Absatz gefunden haben.

1917 erhöht sich der Preis für den 490 auf 550 US-Dollar, weil elektrische Anlasser und Lichter neu Standard sind. Im selben Jahr wird der

1928 wird in Flint der fünfmillionste Chevrolet produziert, eines der populären Coach-Modelle, dessen Preis gegenüber dem Vorjahr um 110 auf 585 Dollar gesenkt wird.

erste «all season»-Chevrolet, ein Touring-Modell mit geschlossener Kabine, eingeführt, und mit dem ersten Achtzylindermotor wird ein für die Zeit fortschrittliches Triebwerk angeboten. 4833 Touring- und Roadster-Varianten des Modells D V-8 verlassen während zweier Jahre die Fabrikhallen. Erst 1955 wird Chevrolet wieder einen V-8 anbieten.

Der 490 wird rund 58 000-mal verkauft und trägt damit zur Steigerung der Verkäufe bei, die 1917 einen neuen Rekordwert von rund 126 000 Wagen erreichen. Die Montagekapazitäten werden indessen ausgeweitet. Neue Fabriken in Fort Worth, Texas, Bay City, Michigan,

Ein Bild auf den 1920er-Jahren: Massenproduktion von Chevies in Flint.

St. Louis, Missouri, und Oakland, Kalifornien, bauen den 490. In den Städten im Osten des Landes werden erste Händlerstandorte eröffnet.

Auf der Basis des erfolgreichen 490 werden 1918 erstmals Nutzfahrzeuge angeboten, darunter ein Eintonnen-Lastwagen, der sinnigerweise Model T heisst. Die prosperierenden Chevy-Aktivitäten ermöglichen es Durant unterdessen, die Kontrolle über General Motors zurückzugewinnen. Ein langgehegter Traum geht für den Industriemagnaten in Erfüllung. Chevrolet wird in der Folge zu einer Division von GM, eine Struktur, die bis heute besteht.

Die Expansion der jungen Automarke setzt sich fort. 1919 erreicht das Unternehmen mit einem Ausstoss von 150 000 Fahrzeugen Platz zwei hinter Ford. Im Zuge der Nachkriegsdepression fallen 1920 die

Preise, die Produktion stagniert. Durant lässt in Detroit das grösste Bürogebäude der Welt bauen, das später als General-Motors-Gebäude bekannt wird. GM leidet unter grossen Schulden, und der Industrielle Pierre S. DuPont übernimmt das Präsidium von GM, Durant verliert zum zweiten Mal die Kontrolle über sein Autoimperium.

Die wilden 1920er-Jahre machen ihrem Namen alle Ehre. Zunächst geht es auf und ab. 1921 brechen die Produktionszahlen auf 76 000 Fahrzeuge ein, um sich 1922, nach drastischen Preisreduktionen, wieder zu verdreifachen. Der Bedarf nach günstigen Automobilen und der stetige Ausbau der Strasseninfrastrukturen halten die Autoindustrie in Schwung. Chevrolet produziert 1923 das einmillionste Fahrzeug, während ein neues Lastwagenchassis eingeführt und weitere Montagewerke in Ohio, Wisconsin und New York eröffnet werden.

William S. Knudsen wird 1924 neuer Präsident und General Manager von Chevrolet. Er proklamiert an einer Händlertagung das Ziel, den führenden Ford-Konzern eines Tages punkto Verkaufszahlen einzuholen. Das gelingt bereits 1927 mit einem Ausstoss von über 1,1 Millionen Personenwagen und kommerziellen Fahrzeugen. Allerdings

GM-Präsident William Knudsen, am Mikrofon, feiert im Jahre 1940 den 25-millionsten Personenwagen, einen Chevrolet Master DeLuxe Town Sedan.

hat Ford seine Produktion für fünf Monate stillgelegt, um die Fabrikation auf das neue A-Modell umzustellen.

Chevrolet konzentriert sich zunächst auf Vierzylindermotoren, führt aber 1929 einen Reihensechszylindermotor, den «Stovebolt Six», ein und wird im preisgünstigen Segment eine ernstzunehmende Konkurrentin für Ford. Diesen Anspruch kann das Unternehmen auch in den schwierigen 1930er-Jahren durchhalten. Trotz der Weltwirtschaftskrise sichert es seine führende Rolle. Den Weg bereiten markante Werbeanstrengungen. Dazu zählt ein von Chevrolet gesponsortes Radioprogramm, die «Chevrolet Cronicles», die der ehemalige Rennfahrer, Kriegsveteran und Sohn von Schweizer Immigranten, Eddie Rickenbacker, moderiert.

In hohem Tempo werden neue Modelle, verbesserte Motoren und technische Innovationen realisiert. Zu den Meilensteinen gehört beispielsweise 1935 der erste Suburban «Carryall», ein achtplätziger Wagen, der auf einem Lastwagenchassis aufgebaut ist und als Vorläufer der heutigen SUV gilt. Als erster Stationswagen rollt 1939 ein Master Deluxe vom Band. Ein in Flint produzierter Halbtonnen-Pickup wird auf eine Testfahrt durchs ganze Land geschickt. Er soll die Qualität und die Effizienz der Chevrolet-Nutzfahrzeuge beweisen und absolviert 10 244 Meilen ohne mechanische Probleme. Die Benzinkosten betragen nur einen Penny pro Meile.

1939 werden 577 278 Fahrzeuge fabriziert. Insgesamt sind es jetzt 15 Millionen Chevies geworden. Im folgenden Jahr rollt das 25-millionste Auto von GM vom Montageband. Es ist ein Chevrolet Master Deluxe Town Sedan, der am 11. Januar 1940 in Flint die Montagehalle verlässt. Inzwischen hat General Motors auch ausserhalb der USA und Kanadas Fabriken errichtet. Zunächst in Dänemark, dann 1935 auch in der Schweiz.

1936: Biel wird zur Autostadt

Die Gründung der General Motors Suisse in Biel war sowohl für die Stadt als auch für GM ein Wagnis. Das Vorhaben fiel in eine Krisenzeit, als fast überall wirtschaftlicher Protektionismus um sich griff. Auch der Schweizerische Bundesrat verfügte zum Schutz der Handelsbilanz und der Arbeitsplätze scharfe Importrestriktionen, die auch die Einfuhr von Fahrzeugen gefährdeten. GM suchte mit den Behörden nach einem Ausweg. Die Lösung wurde darin gefunden, dass der Bund Präferenz-Zölle auf Montageteilen zusicherte, womit die wirtschaftliche Grundlage für die Montage von Fahrzeugen in der Schweiz gegeben war.

Während der Planungszeit erreichte ein Telefonanruf aus Biel den in Genf weilenden Generaldirektor der General Motors. Die Stimme aus Biel sagte am Telefon in gebrochenem Englisch: «Biel braucht Ihre Fabrik, und wenn Ihnen die leerstehenden Werkstätten nicht passen, wird die Stadt auf ihre Kosten ein geeignetes Gebäude nach Ihren Wünschen aufstellen.»

In den GM-Fabrikhallen von Biel, nur 60 km von Louis Chevrolets Geburtsstadt entfernt, werden ab mitte der 1930er Jahre auch Chevrolet-Fahrzeuge montiert.

Das Logo mit den drei Bergspitzen stand viele Jahrzehnte lang für die Schweizerische Montage von GM-Fahrzeugen.

Im Herbst 1934 fuhr der Generaldirektor von General Motors in Gesellschaft einiger Mitarbeiter nach Biel. Bei fürchterlichem Wetter besahen sie sich das von der Stadtverwaltung vorgeschlagene Grundstück. Die Männer versanken beim Betreten des Areals bis zu den Fussknöcheln im aufgeweichten Boden. Dem Generaldirektor gefiel das Areal in der Nähe des Bahnhofs Biel jedoch gut. Mit den Worten «Hier bringe ich Ihnen die Erde, auf der wir unsere Fabrik bauen werden» kratzte er sich eine Handvoll Lehmerde von den Schuhen und legte sie dem Stadtpräsidenten, Dr. Guido Müller, auf den Tisch.

Das gemeinsame Unternehmen der Stadt Biel und der General Motors war für beide Partner mit bedeutenden Risiken verbunden. Die Finanzen der Stadt waren auf einem Tiefpunkt und die erforderlichen zwei Millionen Franken für den geplanten Fabrikbau aufzutreiben entsprechend schwierig.

Das notwendige Kreditbegehren wurde jedoch vom Bieler Souverän in öffentlicher Abstimmung mit überwältigender Mehrheit genehmigt. Die General Motors Suisse SA wurde am 2. Mai 1935 gegründet. Die Stadt Biel stellte der General Motors rund 30 000 Quadratmeter Gelände mit Geleisanschluss in der Nähe des Bahnhofs gratis zu Verfügung und errichtete auf ihre Kosten das Fabrikgebäude nach Plänen von General Motors gegen einen Mietzins von acht Prozent der Erstellungskosten, ohne Erhebung einer Gemeindesteuer auf dem Einkommen.

Bereits am 5. Februar 1936 verliess der erste in Biel montierte Wagen, ein Buick Achtzylinder, das Band. 969 Wagen wurden in diesem Jahr montiert, darunter auch 321 Chevies. Bis zum Ende der Montage Suisse in Biel im Jahr 1975 sollten es insgesamt 329 864 Fahrzeuge, davon 26 858 Chevies werden.

Das Montagewerk von GM in Biel wurde 1936 in Betrieb genommen, arbeitete mit zahlreichen Zulieferern zusammen und sorgte für Beschäftigung in der ganzen Schweiz.

Für die einheimische Industrie war das Montagewerk ein Segen. Schweinwerferreflektoren kamen aus Genf, Batterien aus Orient im Waadtland, Yverdon und Oerlikon. Autoglas wurde in Lausanne oder im Tessin beschafft, Uhren kamen aus Le Locle und Fontainemelon. Ein «Reklamebüro» in Bern wurde beauftragt, Lötzinn wurde in Burgdorf bestellt, elektrische Komponenten bei Scintilla Solothurn. Die «Carrosserie Langenthal» und «Reinbolt & Christé» von Basel fertigten im Auftrag von GM Sonderkarosserien wie zum Beispiel viertürige Cabriolets.

Polsterstoffe und Teppiche stammten aus Langenthal, Melchnau, Näfels, Ennenda, Hätzingen und Flawil, Reifen lieferten Firestone von Pratteln und Pallas Cord aus Pfäffikon, Chemikalien kamen aus Basel, aus Frauenfeld Schmirgelpapiere. Felgendrückereien in Lugano und Zürich zählten ebenso zum Zuliefernetz, und Lackfarben sowie Motorenbestandteile wurden in Zürich beschafft. Die in Biel produzierten Fahrzeuge unterschieden sich damit in Details von den Schwestermodellen anderer GM-Werke.

Das Baukastensystem ermöglichte es, relativ einfach Sondermodelle und Spezialanfertigungen zu produzieren. Die Schweizer Armee zum Beispiel verlangte nach sechssitzigen Limousinen, die 15 Steuer-PS nicht überschreiten durften. So wurden Chevies mit Opelmotoren ausgestattet, die unter die Dreiliter-Hubraumklasse fielen. Die Montagefabrik erbrachte, lange vor jeglicher Computersteuerung, logistische Meisterleistungen. Die Produkte der neuentstandenen Schweizer Automobilindustrie fanden sofort ihre Liebhaber.

Das Ende der Montage Suisse kam 1975. Mit den Freihandelsabkommen im Rahmen der EFTA und der EWG musste die Schweiz die zollpräferenzielle Behandlung von Montageteilen aufgeben, womit der lokalen Montage die wirtschaftliche Existenz genommen wurde. Die General Motors Suisse SA wandelte sich zur Import- und Vertriebsorganisation und zog 2004 nach Glattbrugg.

USA: Kriegsproduktion und Aufschwung

Nach dem Eintritt der USA in den Zweiten Weltkrieg wird Anfang 1942 die Autoindustrie vollständig in die Kriegsanstrengungen eingebunden. Alle Chevrolet-Fabriken werden an die militärische Produktion angepasst, bis auf die Service- und Produktionseinrichtung in Saginaw, Michigan, die die Aufgabe erhält, Ersatzteile für militärische und zivile Fahrzeuge in Amerika und in Übersee zu liefern. Im Sommer und Herbst 1945 wird die Produktion von zivilen Lastwagen respektive Personenwagen wieder aufgenommen. Die 1946er-Modelle sind, abgesehen von wenigen Designanpassungen, 1942er-Modelle. In den letzten Jahren des Jahrzehnts werden die «Advance-Design»-Lastwagen eingeführt und als Lieferwagen oder als Stationswagen beliebt. 1949 klettern die Verkaufszahlen erstmals wieder über eine Million und erreichen das Niveau von 1927.

1953 schuf Chevrolet die Corvette, den ersten Serienwagen mit Fiberglasskarosserie. 300 Exemplare wurden gebaut.

Die 1950er-Jahre beginnen mit zwei Innovationen: Chevrolet bietet im preisgünstigen Segment als erste Herstellerin ein optionales Automatik-Getriebe an. Das neue Powerglide-Getriebe mit zwei Gängen ist sehr dauerhaft und findet bis in die 1960er-Jahre millionenfache Anwendung. Gepaart mit dem neuen, stärkeren 235-cui-Motor wird das Getriebe im ersten Produktionsjahr 300 000-mal verkauft.

Als Antwort Amerikas auf die populären europäischen Sportwagen schafft GM-Chef-Designer Harley Earl ein Meisterstück. Er präsentiert 1953 mit der Corvette ein radikales Design. Es ist das erste in Serie hergestellte Fahrzeug mit einer Fiberglass-Karosserie. 300 Exemplare werden in Flint gebaut und vor allem an VIPs verkauft.

Die Corvette war eine Antwort auf die populären europäischen Sportwagen und begeisterte auf Anhieb. Rechts: Das erste Produktionsmodell wurde am 30. Juni 1953 in Flint präsentiert.

1955 entwickelt Chevrolet innovative Methoden für die Motorblockproduktion. Das Smallblock-V-8-Triebwerk entsteht und sorgt nicht nur in der Corvette für mehr Leistung, sondern macht auch die beliebten Belair-Modelle heiss. Sie gehen als «the hot ones» in die Automobilgeschichte ein. 1957 erhalten die Smallblocks mit dem neuen, «Ramjet» genannten Einspritzmechanismus einen weiteren Kraftschub. Ab 1958 folgen neue, grössere Personenwagen, mit den Impala-Modellen an der Spitze. Sie markieren 1959 mit den Schwalbenschwanzflügeln den Höhepunkt der Flossenkultur und werden als «fullsize»-PWs bis heute gebaut.

Eine wahre Modelloffensive prägt die frühen 1960er-Jahre. Sogenannte Brot-und-Butter-Autos wie der deutsche VW-Käfer erfreuen sich einer zunehmenden Gefolgschaft. Das Bedürfnis nach kompakten Fahrzeugen deckt Chevrolet ab 1960 mit dem neuen Corvair ab. Er bringt europäisches Styling in die Kompaktklasse und eine Vielzahl technischer Neuerungen, etwa einen luftgekühlten Sechszylinder-Boxermotor im Heck, der ab 1962 als weltweit erster Grossserienmotor auch mit Turbolader erhältlich ist. Lanciert werden ausserdem 1961 der Chevy II im kompakten und 1964 die Chevelle im mittelgrossen Fahrzeugsegment.

Der Chevrolet Belair geht ab 1955 dank seines neuen V-8-Motors als «the hot one» in die Autogeschichte ein.

Unterdessen erhält die Fullsize-Reihe eine Auffrischung, ergänzt durch die ab 1966 gebauten Caprice-Modelle. Sie gehören bis in die 1980er- und 1990er-Jahre unter anderem als Polizeifahrzeuge zum amerikanischen Strassenbild. Grössere Motoren und ein veritabler Leistungskrieg dominieren die zweite Hälfte dieses Jahrzehnts. Chevelles, Corvettes und ab 1967 das neue Camaro-Sportcoupé feiern als Muskelmaschinen ihren Einstand und treten im Krieg der Pferdestärken gegen nicht weniger potente Gegner aus dem Lager von Ford und Chrysler an.

Die japanische und europäische Konkurrenz nimmt den amerikanischen Herstellern immer mehr Marktanteile ab. Das steigende Energie- und Umweltbewusstsein bringt neue Fahrzeuge hervor, noch bevor die Ära der grossen Strassenkreuzer und Muskelmaschinen ausläuft. Chevrolet präsentiert Ende 1970 den Vega und damit erstmals einen Vertreter der Subkompaktklasse. Das kleine Auto verfügt über einen neuartigen Aluminiumvierzylindermotor und wird bei seiner Einführung im Modelljahr 1971 vom «Motor Trend»-Magazin zum Auto des Jahres gewählt.

Bis 1977 verkauft sich der Vega jährlich hunderttausendfach. Als zweite Waffe gegen die Autoimporte folgt 1976 die Chevette, ein noch kleinerer Wagen, der auf dem Opel Kadett basiert und bis 1987 im Programm bleibt. Die Vega-Plattform verwendet das 1975 lancierte Monza-Sportcoupé, das 1979 als der 100-millionste Chevy in die Geschichte eingeht und bis 1980 gebaut wird. Kompakt geht auch bei den Pickups: Das von Isuzu importierte Light Utility Vehicle (LUV) ergänzt ab 1972 die Modellpalette.

Anfangs der 1970er-Jahre verfügt Chevrolet über das breiteste Modellangebot seiner Geschichte. Das Unternehmen überholt erneut Ford und wird mit einer Produktion von über drei Millionen Autos im Kalenderjahr 1971 zur weltweit grössten Herstellerin. Aber auch die neuen, kompakten und verbrauchseffizienten Modelle vermögen den Verlust von Marktanteilen nicht aufzufangen, ebensowenig die Appelle an das amerikanische Image, die mit Werbeslogans wie «Baseball, hot dogs, apple pie ... and Chevrolet» untermalt werden. Die Verkäufe fallen bis 1982 auf 1,18 Millionen drastisch zurück.

Das kompakte Segment wird, vor dem Hintergrund der zweiten Energiekrise im Nahen Osten, Anfang der 1980er-Jahre erneuert. Auf Anhieb erfolgreich sind die Citation-Modelle, und auch der subkompakte Cavalier sowie der mittelgrosse Celebrity beleben das Volumengeschäft, während die Fullsize-Modelle mehr oder weniger an Ort treten. Auf eine gute Nachfrage stossen die kompakten S-10-Pickups und SUVs, die ab 1982 respektive 1983 zu den Händlern rollen.

Sportliche Ambitionen nähren die neue, vierte Corvette-Generation ab 1984, ebenso der neue Camaro IROC-Z ab 1985. Das Camaro-Cabriolet folgt zwei Jahre später. Ein Jahr zuvor geht Chevrolet mit einem neuen Motor auf die Rennstrecke von Indianapolis. Der 2,65-Liter-V-8-Motor wird in Zusammenarbeit mit dem Schweizer Mario Illien und mit Roger Penske entwickelt.

In einem Wechselbad der Gefühle schwimmt das Unternehmen in den 1990er-Jahren. Neue Kompaktmodelle wie der Lumina und ein verkleinerter Monte Carlo werden in die Palette aufgenommen. Der 1991 aufgefrischte Caprice endet im Modelljahr 1996, und mit ihm nicht nur der wiederauferstandene Impala SS, sondern auch die Fahrzeugplattform mit Heckantrieb, die GM jahrzehntelang millionenfach verwendet hat.

1993 wird eine fortschrittliche, vierte Camaro-Generation geboren. Sie verwendet für die Karosserie zahlreiche Kunststoffkomponenten. Erhältlich ist der aus der Corvette stammende, drehmomentstarke LT-1-Smallblock-V-8-Motor. Die fünfte Corvette-Generation wird

1997 von einem neuen Aluminium-Motor mit 5,7 Litern Inhalt und 345 PS befeuert. In der zweiten Hälfte der 1990er-Jahre überholen leichte Lastwagen in der Form von Pickups und SUVs die Verkäufe von Personenwagen. Die Absatzzahlen zeigen in Nordamerika dennoch tendenziell nach unten.

Die Jahre von 2000 bis 2010 stehen im Zeichen der globalen Neuorganisation. Neben ihren traditionellen Märkten in Nord- und Südamerika, im mittleren Osten und in Asien wird die Marke Chevrolet 2004 in Europa wieder eingeführt. Hier tritt Chevrolet vorab mit den neuen Modellen Matiz, Kalos/Aveo, HHR, Epica und Captiva auf. Mit drei Werks-Lacettis engagiert sich Chevrolet in der Tourenwagenweltmeisterschaft (WTCC). Von Anfang an dabei ist der erfahrene Schweizer Pilot Alain Menu.

2009 muss der GM-Konzern und mit ihm auch Chevrolet Konkurs anmelden. Amerikanische Steuergelder überbrücken die Krise. Der Börsengang vom November 2010 ist der grösste aller Zeiten und verläuft erfolgreich. Neue Hoffnung kehrt zurück. Sie wird genährt von der fulminanten Wiedergeburt des Camaro-Sportcoupés und von der Einführung des kompakten Chevy Cruze. Er wird als erstes globales Chevy-Modell produziert und vermarktet.

Ende 2010 sorgt der Chevrolet Volt für weltweites Aufsehen. Das Elektrofahrzeug mit benzinbetriebenem Range Extender befährt technologisches Neuland und wird als revolutionäres Konzept hoch gelobt. Bedeutende amerikanische Fachzeitschriften wählen den Volt zum Automobil des Jahres 2011. Der Mischkonzern General Electric bestellt 12 000 dieser neuen Fahrzeuge. Die Produktionspläne werden laufend nach oben korrigiert, und die Schweiz wird zum europäischen Pilotmarkt. Für die Marke Chevrolet beginnt, passend zu ihrem 100. Geburtstag, ein neues Zeitalter.

Sportmodelle für den Normalverbraucher

Als Autofirmen stehen Chevrolet und Ford seit bald 100 Jahren in einem stetigen Wettbewerb. In Amerika wird dieser Kampf nicht selten mit vergleichender Werbung ausgefochten, und es ist üblich, dass sich die Fans und Markentreuen gegenseitig gerne necken und die Vorzüge der eigenen Marke hervorheben, mit Leistungswerten prahlen und damit den «Gegner» übertreffen wollen.

Es ist eine geschichtliche Ironie , dass der Gründer der Firma Chevrolet, Louis Chevrolet, in den 1920-Jahren den T-Modellen von Ford zu mehr Geschwindigkeit und zu Ruhm auf den Rennstrecken verhalf. Damit hat Louis bis heute einen Platz in der Renngeschichte des Ford-Konzerns. Zudem wurde es in den 1950er-Jahren beliebt, 32er-Fordmodelle mit Chevy-V-8-Motoren auszurüsten und die Highways unsicher zu machen.

Die Marke Chevy sorgte aber auch selbst für sportliches Flair, spätestens mit der 1953 lancierten Corvette, mit ihren Rennaktivitäten, sei es in der NASCAR-Szene, in der Indycar-Szene oder auch in Le Mans. Der Name Chevrolet wurde zum Ausdruck für Geschwindigkeit und Sportlichkeit. Donnernde Chevy-Motoren machten auch die Super-Sport-Modelle zu automobilen Objekten der Begierde, und zu erschwinglichen dazu.

SS wurde zum Synonym für besonders schnelle Personenwagen von Chevrolet. Es begann eigentlich Mitte 1961, als Chevrolet zum ersten Mal das Super-Sport-Paket für die Impala-Modellreihe anbot, kurz nachdem der neue 409-cubic-inch-Motor für Autorennen eingeführt worden war. Das Super-Sport-Paket war nur komplett erhältlich und beinhaltete im Wesentlichen das Super-Sport-Dekor aussen und innen, eine Sicherheitspolsterung am Armaturenbrett, Servobremsen und -steuerung, verstärkte Federn und Stossdämpfer sowie einen 7000er-Drehzahlmesser, der an der Lenksäule montiert wurde.

Fünf Motoren-Getriebe-Kombinationen wurden für die 1961er-Impala SS-Modelle angeboten. Alles waren aufpreispflichtige Motoren und alle, ausser dem schwächsten Aggregat, erforderten die Verwendung des optionalen handgeschalteten Vierganggetriebes. Es gab vier 348-cui.-Motoren, die 305 bis 350 PS leisteten. Der neue 409er mit 360 PS sorgte für die Top-Motorisierung. 453 Wagen mit dem SS-Paket verliessen die Fabrik im Modelljahr 1961, 142 davon waren mit dem 409er-Motor ausgestattet. Die geringen Produktionszahlen machen die ersten Impala SS zu aussergewöhnlichen Raritäten.

Inzwischen hatten die 409er-Motoren auf den Rennstrecken in den USA und sogar in Grossbritannien für Furore gesorgt, und im Modelljahr 1962 wurde das SS-Paket fortlaufend angeboten. Anders als die 1961er-Modelle war die SS-Option jetzt nicht nur mit den speziellen 348er- und 409er-Kraftpaketen erhältlich, sondern mit jedem angebotenen Motor, auch mit dem 135-PS-Sechszylinder.

Der 409er wird Legende

Interessantes Detail war der 1961 eingeführte Haltegriff auf der Beifahrerseite, der von der Corvette abgeschaute «grab bar», auch bekannt als «passenger assist bar». In der Literatur heisst es dazu: «In emergencies bar serves as grab rail for passenger, otherwise it assists him in rising from the deep-set bucket seat.» (Zu Deutsch: In Notfällen dient der Griff als Halt für den Beifahrer, oder der Griff hilft ihm,

Der 409 Cubic Inches grosse Motor (6,7 Liter) für die Impala SS-Modellreihe wurde von den Beach Boys besungen und damit zur Legende.

sich aus dem tiefen Einzelsitz zu erheben.) Die Notfälle waren wohl meist anderer Art, nämlich wenn der Fahrer das Gaspedal eines mit dem 409er oder 327er-Motor ausgestatteten SS stampfte.

Der 327er ersetzte im Modelljahr 1962 den 348er und wurde für Impala-SS-Modelle als 250- und als 300-PS-Versionen eingeführt. Der 409er, schon nach wenigen Monaten zur Legende geworden, produzierte jetzt 409 PS, und bereits 1963 stieg die Leistung auf 425 PS. Die Autozeitschrift «Motor Trend» testete einen damit befeuerten Impala SS und mass für den Spurt von 0 auf 60 Meilen eine Zeit von nur 6,3 Sekunden.

Das gute Leben

Die Begeisterung für die damals unglaublichen Leistungswerte des 409er-Motors schwappte über auf die Pop-Kultur, als die Surf-Rock-Gruppe The Beach Boys im Sommer 1962 ihre erfolgreiche Single «409» veröffentlichte. Darin wurde der junge Mann besungen, der seine «pennies» und «dimes» (Ein-Cent- und Zehn-Cent-Münzen) spart, um einen neuen 409er-Chevy zu kaufen.

Das Super-Sport-Kit wurde ab 1961 für die Impala-Modellreihe angeboten. Im Bild ein Wagen aus dem Jahre 1965, ausgestattet mit dem 409er-Motor und Viergang-Schaltgetriebe.

Die SS-Modelle symbolisierten, mehr noch als die äusserst beliebten, mittlerweile zur automobilen Ikone gewordenen 1955er- bis 1957er-Chevies, das Statusbewusstsein vor allem junger Männer, und bestimmt, so ist es zumindest überliefert, bewunderten die jungen Frauen SS-Fahrer. Super-Sport-Autos wurden für jene Menschen gebaut, die das Geld und das gute Leben hatten und wussten, wie man es geniesst.

Von Impalas zu den Novas

Die ersten SS-Modelle legten einen wesentlichen Grundstein zur Muscle-Car-Ära der 1960er-Jahre. Sie symbolisierte die automobile Macho-Kultur, auch wenn später die SS-Optionen für eine immer breitere Modellpalette angeboten wurden und selbst bescheiden motorisierte Sechszylinder-Autos das SS-Emblem tragen durften. Damit stellt sich die Frage, wie sich die SS-Philosophie fortsetzte und warum sie bis heute fasziniert.

SS-Pakete wurden ab 1963 für die Kompaktwagenklasse der Chevy Novas angeboten. Über 40 000 Super-Sport-Novas und damit die Hälfte der Jahresproduktion verliessen die Fliessbänder, allerdings noch mit Reihen-Sechszylinder-Motoren. Die extrem leichten Novas erhielten aber bald mehr Power: Der aus dem 1957er-Belair bekannte 283er sorgte schon ab 1964 für mehr Schub, und 1965 folgte ein 327er, der entweder 250 PS oder sogar 300 PS leistete und damit die Novas zu richtigen «street sleepers» (Strassenschläfern) machte, zu Autos, die zwar nicht so aussahen, als ob sie schnell wären, aber manche Herausforderer eines Besseren belehrten.

Die junge Chevelle

Ein weiteres wichtiges Kapitel der Super-Sport-Geschichte nahm im Herbst 1963 seinen Anfang, als ein völlig neuentwickeltes Auto, die Chevelle, das Licht der Automobilwelt erblickte. Zwischen den Impalas und den Novas als sogenanntes Intermediate-Modell eingeordnet, verhalf die Chevelle der Marke Chevrolet zu einem weiteren Verkaufserfolg. Die SS-Option, verbunden mit einem zuverlässigen und gleichzeitig innovativen Design, begeisterte vor allem jüngere Käuferschichten.

Als Erbin der 1955er- bis 1957er-Chevies erhielt die Chevelle 1964 ebenfalls den 283-cui. Motor. Er konnte als 195-PS, aber auch als 220-PS-Version bestellt werden. Und weil andere Hersteller wie Pontiac oder Oldsmobile bereits grössere Motoren mit noch mehr PS auf den Markt warfen – den GTO mit einem 389-cui.-Triebwerk beziehungsweise den Cutlass 442 mit einem 330-PS-Motor –, wurde Mitte des Modelljahres der 327er mit 250 oder 300 PS eingebaut. Damit konnte die Chevelle zumindest mit den neuen, erfolgreichen Ford Mustangs gut mithalten.

Sportwagenqualitäten

Neben dem Krieg um PS und Drehmoment repräsentierte die Chevelle eine neue Linie in der Muscle-Car-Entwicklung: den Leichtbau. Die schweren Fords und Chevies aus der Anfangszeit dieser Ära waren nur dank grossvolumiger Motoren schnell. Die Chevelle brachte, in Form des Sport Coupés zum Beispiel, nur gerade rund 1400 Kilogramm Leergewicht auf die Waage. Möglich wurde dies dank eines neuen Leichtbauchassis, das fortan als Plattform für viele Modellvarianten und Nachfolgemodelle verwendet wurde.

Schraubenfedern an allen vier Rädern und eine ideale Gewichtsverteilung von 50:50 zwischen Vorder- und Hinterachse (Sport Coupe) sorgten für ein aussergewöhnlich gutes Fahrverhalten, das sonst nur Vollblutsportwagen vorbehalten war. Eine neue Art war geschaffen, und sie sollte in den nachfolgenden gut zehn Jahren zum meistverkauften Muscle Car aller Zeiten werden.

Bigblock-Power dominiert

1965 brachte Chevy die Chevelle SS 396 mit einem Bigblock-Triebwerk und sagenhaften 375 PS auf den Markt. Die Impalas erhielten 1966 das 427-cui.-Herz mit satten 425 PS, und zusammen mit den Novas und Chevelles schlug sich das Spitzenmodell wacker durch die Blütezeit der Muscle-Car-Ära, die in der zweiten Hälfte der 1960er-Jahre den Asphalt dominierte.

Folgerichtig stimmten ab 1967 die neuen Camaros – die Antwort auf die Mustangs und Barracudas – in das PS- und SS-Konzert mit ein. Selbst Monte-Carlo-SS-Versionen kämpften in den Jahren 1970 und 1971 mit, um später, von 1983 bis 1987, nochmals, wenn auch viel zahmer, die SS-Faszination neu aufleben zu lassen.

Die 1964er-Chevelle zog vor allem junge Käuferschichten an. Sie wurde auch als Super-Sport-Variante angeboten und verkaufte sich mit dieser Option rund 77 000-mal.

Die SS-Legende lebt weiter

Anfang der 1970er-Jahre leiteten neue Emissionsvorschriften und die Ölkrise eine Trendwende ein. War die Super-Sport-Philosophie damit am Ende? Sollten diejenigen Recht bekommen, die schon immer das Ende echter Muscle Cars voraussagten? Mitnichten. Von 1994 bis 1996 legte Chevy den Impala SS neu auf, ausgestattet mit dem LT-1-Motor aus der damaligen Corvette mit circa 260 PS. Dieses Modell wurde, wie schon die frühen Impalas, sofort zur Legende.

An die Kraftentfaltung und Einzigartigkeit ihrer Ahnen vermochten diese Fahrzeuge aber nicht mehr heranzukommen. Die vierte Camaro-Generation bot für einige Zeit SS-Modelle an, stellte die Produktion jedoch schon 2002 ein, und die später neu aufgelegten Impala-SS- und Malibu-SS-Versionen verblassten vor der glamourösen Ära der 1960er-Jahre.

Einziger Lichtblick für sportliche Chevy-Fans wurde der 2006 eingeführte Trailblazer SS, der sich als SUV mit einem rund 400 PS starken Corvette-Smallblock-Motor mit sechs Litern Zylinderinhalt sicher

Im April 2009 erfährt der Chevrolet Camaro mit der fünften Modellgeneration die von Fans langerwartete Wiedergeburt. Das SS-Paket wird ab 2011 auch in einem Cabriolet angeboten.

nicht zu verstecken brauchte und als moderne Interpretation der SS-Philosophie gelten durfte. Mit dem Camaro der fünften Generation folgte schliesslich 2009 eine Neuinterpretation des muskulösen Sportcoupes für den kleineren Geldbeutel. Der SS-Legende wurde neues Leben eingehaucht.

Nachtrag: War ein Oldsmobile der erste Super Sport?

Als eine der ersten Automarken verwendete Oldsmobile die Bezeichnung Super Sport. 1922 wurde ein mit verschiedenen Spezialausstattungen gebauter Sport-Touring für vier Personen so bezeichnet. Mehrere europäische Rennmaschinen zwischen den Weltkriegen wurden ebenfalls als Super-Sport-Modelle benannt. Auch Vorkriegsmodelle von Jaguar erhielten das Doppel-S.

Bei Chevrolet erhielt erstmals ein Fahrzeug die legendären Buchstaben, als 1957 eine Sport/Renn-Corvette mit Benzineinspritzung gebaut wurde. Die Pläne für eine Serienproduktion ab 1958 wurden eingestellt. Schliesslich gab es mindestens zwei Corvair SS Showcars, nämlich 1962 den «Sebring Spider»-Roadster und 1963 den Monza SS XP 797 Sportster.

Anhang

Zeittafel

Jahr	Louis Chevrolet	Historisches aus Technik, Industrie und Gesellschaft
1878	Geburt in La Chaux-de-Fonds	– Thomas Edison patentiert den Phonographenn – Barney Oldfield, der spätere Rennfahrer und Konkurrent von Louis, wird geboren
1886	Umzug der Familie nach Beaune	– Carl Benz erhält das Patent für seinen «Wagen mit Gasantrieb» – Der Amerikaner Charles Martin Hall entwickelt ein Verfahren für die Aluminiumherstellung
1895	Einstieg in den Radrennsport	– In Frankreich wird das erste offizielle Autorennen ausgetragen – Wilhelm Conrad Röntgen entdeckt die später nach ihm benannten Röntgenstrahlen
1898	Lehrzeit bei Autoherstellern in Paris	– Louis Renault konstruiert ein Schaltgetriebe für seinen ersten Vierradwagen – Die Winton Motor Carriage Company verkauft als eine der ersten amerikanischen Firmen ein Auto
1900	Überfahrt nach Amerika	– In den USA gibt es mehr elektrische als benzinbetriebene Autos – Der Doppelschraubendampfer «Deutschland» errringt das «Blaue Band» (schnellste Atlantiküberquerung)
1901	Automechaniker in New York	– Oldsmobile beginnt mit der Grossserienherstellung von Automobilen – Robert Bosch errichtet seine erste Fabrik in Stuttgart und hilft der Magnetzündung zum Durchbruch
1905	Erstes Rennen auf Fiat	– Der Franzose Victor Hémery gewinnt auf Darracq den zweiten Vanderbilt Cup – Der Schweizer Alfred Büchi erhält das Patent für einen Abgasturbolader
1906	Rekordfahrt auf Darracq	– Der French Grand Prix bei Le Mans wird erstmals ausgerichtet und Vorläufer der Formel 1 Rennen – Einweihung des Simplon-Eisenbahntunnels, des bisher längsten Basistunnels der Welt
1909	Rennfahrer im Buick-Rennteam	– Louis Blériot überquert als erster Mensch in einem Flugzeug den Aermelkanal – Die Anglo-Persian Oil Company (Vorläuferin von BP) wird gegründet
1911	Mitbegründer der Chevrolet Motor Car Company	– Ray Harroun gewinnt das erste Indianapolis 500-Rennen – Charles F. Kettering erfindet den elektrischen Anlasser
1912	Präsentation des Classic Six in Detroit	– In den USA wird der Achtstundentag eingeführt – Der Luxusdampfer Titanic sinkt bei seiner Jungfernfahrt im Nordatlantik

Jahr	Louis Chevrolet	Historisches aus Technik, Industrie und Gesellschaft
1913	verlässt Chevrolet, gründet Frontenac	– Ford führt die Fliessbandfertigung für die erfolgreichen T-Modelle ein – In Amerika wird der Lincoln Highway eröffnet, die erste Autostrasse von Küste zu Küste
1915	erhält die amerikanische Staatsbürgerschaft	– Der Erste Weltkrieg ist in vollem Gang, wiederholt wird Giftgas eingesetzt – Der Planet Pluto wird zum ersten Mal fotografiert, aber nicht als Planet erkannt
1916	mit Frontenac-Rennwagen erstmals am Indy 500	– Chevrolet lanciert das Modell «490» als Antwort auf das T-Modell von Ford – Die New Yorker William J. Newton und Morris Goldberg reichen das Patent für den Lichtschalter ein
1917	gewinnt die Harkness Trophäe auf Frontenac	– Chevrolet bringt das erste Modell mit V-8-Motor auf den Markt – In den USA wird die erste Frau ins Repräsentantenhaus gewählt
1920/21	Frontenacs siegen am Indy 500	– William C. Durant verliert zum zweiten Mal die Kontrolle über GM – Der erste kommerzielle Radiosender nimmt in Detroit den Betrieb auf
1924	verkauft erfolgreich Fronty-Ford-Zylinderköpfe	– William S. Knudsen wird neuer Präsident und General Manager von Chevrolet – Chevrolet verfügt über sechs Montagefabriken und 16 regionale Verkaufsniederlassungen
1928	beginnt mit der Entwicklung von Flugzeugmotoren	– Opel wird eine Aktiengesellschaft und ein Jahr später von GM übernommen – Die zweiten olympischen Winterspiele werden in St. Moritz ausgetragen
1933	kehrt zur Firma Chevrolet zurück	– In Camden im US-Bundesstaat New Jersey wird das erste Autokino eröffnet – In Deutschland kommen die Nationalsozialisten an die Macht
1938	muss aufs Autofahren verzichten	– Die Automarken Nash und Studebaker verbauen erstmals Klimaanlagen – Das Radiohörspiel zu H.G. Well's «Krieg der Welten» verursacht in den USA eine Massenpanik
1940	ist Gast am GM Oldtimers Event in Flint	– Oldsmobile bringt die Hydramatic, das erste Automatikgetriebe, auf den Markt – Franklin D. Roosevelt wird der erste US-Präsident, der eine dritte Amtszeit antritt
1941	Tod in Detroit	– Der 16-millionste Chevrolet läuft vom Band – Japanischer Angriff auf Pearl Harbor

Dank

Die Suche nach zeitgenössischen Originaldokumenten gestaltete sich äusserst schwierig. Ein Grossteil von Louis Chevrolets Privatarchiv war einem Feuer zum Opfer gefallen. Damit gingen Briefe, Konstruktionszeichnungen und private Notizen für immer verloren. Weiteres Material, das Familienangehörige nach dem Tod des Rennfahrers und Konstrukteurs verwalteten, gelangte auf verschlungenen Wegen in Museen oder in private Archive. Nur wenige persönliche Dokumente des 1941 verstorbenen Autopioniers konnten bisher gefunden und verifiziert werden.

Diese Umstände waren mir im Sommer 2007, als ich meine Recherchen aufnahm, weitgehend bekannt. Es galt, Archive, Bibliotheken und Museen nach Hinweisen auf Louis Chevrolet und seine Aktivitäten zu durchforsten. Aus unzähligen Beiträgen in Automobil-, Branchen- und Firmenzeitschriften, Tageszeitungen und Publikationen anderer Art musste Stück für Stück eine Lebensgeschichte rekonstruiert werden. Viele Publikationen, die sich bisher mit dem Leben von Louis Chevrolet befasst haben, weisen Schwächen auf: Es offenbaren sich zahlreiche Lücken, es werden Thesen aufgestellt und Details genannt, die oftmals nicht nachprüfbar sind. In der Folge bin ich während meinen Arbeiten für dieses Buch auf zahlreiche Widersprüche oder Ungereimtheiten gestossen.

Umso wertvoller war die vielfältige Unterstützung, die ich bei meinen zahlreichen Reisen in den USA erfahren durfte. Die für Europäer überraschende Offenheit, die unkomplizierte, zupackende Art vieler Amerikanerinnen und Amerikaner war mir bei meinen Recherchen mehr als willkommen. Allen voran stehen die Begegnungen und Gespräche mit Pinky Randall aus Houghton Lake, Michigan. Der Chevrolet-Sammler und -Enthusiast, der in Fachkreisen längst Mr. Chevrolet genannt wird, gewährte mir wiederholt Einblick in seine Dokumenten- und Fahrzeugsammlung, versorgte mich mit wertvollen Dokumenten und Fotos. Der Austausch war immer anregend und erfreulich.

Einen reichen Fundus bot die National Automotive History Collection der Detroit Public Library im Zentrum von Detroit. Ohne die Bibliothekarinnen Barbara Thompson und Gina Tecos hätte ich mich wohl kaum in der grossen Sammlung von Referenzschriften und Bildmaterial zurechtgefunden. Willkommen durfte ich mich auch bei General Motors selbst fühlen. Larry M. Kinsel von den GM Media Archives nahm sich immer wieder Zeit für meine Anliegen, hielt meine Fotoliste pendent und zauberte ab und zu Dokumente hervor, die meine Recherchearbeit wesentliche Schritte voranbrachten.

Besonders in Flint, Michigan, wo die Firma Chevrolet ab 1913 ihren Aufschwung genommen hatte, fand ich offene Türen. Heather Moore von der Buick Gallery war äusserst hilfsbereit und vermittelte zahlreiche Kontakte. Meine tagelangen Sucharbeiten in den Scharchburg Archives an der Kettering University bereitete Jane Gunderson immer präzise vor. Sie erledigte umfangreiche Kopierarbeiten, ordnete die Dokumente und sorgte laufend für Nachschub an interessantem Material.

Auch in meinem Heimatland erhielt ich verschiedentliche Unterstützung. Hanspeter Ryser von der General Motors Suisse SA hatte von

Anfang an ein offenes Ohr für mein Buchprojekt, stellte Kontakte zu GM-Leuten in der Schweiz und in den USA her und vermittelte mir wertvolle Anregungen. Dankbar bin ich auch Maria Danner. Sie hat mir Zugang zu wichtigem Fotomaterial und zu Dokumenten über die Geschichte der Montage Suisse in Biel verschafft.

Ein grosses Dankeschön geht schliesslich an meinen Cousin Erwin Mock aus Springfield, Illinois. Er und seine Frau Audrey boten mir alle Hilfe, die man sich wünschen kann, gaben mir Unterkunft und besorgten mir ein Mobiltelefon, das auf meinen Reisen in den USA wertvolle Dienste leistete. Inspirierend waren die langen Telefongespräche mit meiner Cousine Erika Mock aus Superior, Wisconsin, ebenso die gemeinsamen Museumsbesuche mit Mike Sundquist aus Madison, Wisconsin.

Animierend, ja geradezu faszinierend war der Austausch mit Kenneth Kaufmann, einem passionierten Chevrolet-Enthusiast und -Historiker aus Monrovia, Kalifornien, der für den Vintage Chevrolet Club of America (VCCA) regelmässig publiziert. In zahlreichen Detailfragen, zum Beispiel wenn es um die Bestimmung von historischen Fotos ging oder um die Rolle von Louis Chevrolet in den frühen, sehr knapp dokumentierten Jahren zwischen 1900 und 1920, versorgte mich Ken via E-Mail wiederholt mit wertvollen Fakten und inspirierenden Dokumenten.

Nicht minder motivierend und hilfreich war die Begleitung durch meine Schweizer Chevy-Freunde. Walter Bachmann hat einen besonderen Spürsinn, wenn er sich im Internet auf die Suche macht. Zeit für Gespräche und für den Austausch über das endlose Chevy-Thema haben mir Stefan Kobel und Röbi Karpf in grossem Masse geschenkt. Tatkräftig hat mich auch André Rochat vom Organisationskomitee des Louis Chevrolet Event unterstützt. Mehr als einmal machte André mir Material zugänglich, das ich nicht zu finden glaubte.

Und schliesslich möchte ich den Verlag Huber erwähnen, der mein Buchprojekt von Anfang willkommen hiess. Programmleiter Hansrudolf Frey hat meine Arbeiten mit grossem Enthusiasmus begleitet, und bei vielen Besprechungen durfte ich sein Vertrauen in mich und meine aufwändige Spurensuche für diese Biografie spüren. Ein Dankeschön gilt Heidi Barzan, nicht zuletzt für die Organisation der Buchvertreterkonferenz vom 12. November 2010 in Frauenfeld, die mir in bester Erinnerung bleibt. Wichtige und gestalterisch wertvolle Arbeit geleistet haben Arthur Miserez und Stephan Cuber. Ohne sie wäre dieses Buch nicht möglich gewesen.

Benutzte Literatur

Encyclopedia of Auto Racing Greats, Robert Cutter and Bob Fendell, 1973

Billy Durant, Creator of General Motors, Lawrence R. Gustin, University of Michigan Press, 2008

«The Gentlemen of General Motors», Richard P. Scharchburg, McVey Marketing & Advertising Inc., 2000

The Story of the Buick, Richard P. Scharchburg, General Motors Institute, 1978

An industrial History of Flint, Frank Rodolf, 1949

Sixty Years of Chevrolet, George H. Dammann, Crestline Publishing Company, 1972

Chevrolet, the winner and still champion, Karl E. Ludvigsen, The Automobile Quarterly, Vol. 7 Nr. 3, 1969

Chevrolet Chronicle, Auto Editors of Consumer Guide, Publications International Ltd., 2006

Indiana Cars – a history of the Automobile in Indiana, Dennis E. Horvath and Terri Horvath, Hoosier Auto Show & Swap Meet, Inc., 2002

L'aventure Louis Chevrolet, Pierre Barras, Editions de l'Olifant, Pruntrut, 1991

Chevrolet – un nom, une famille, Jacques Chevalley, Beaune, 1992

Indy: Racing before the 500, D. Bruce Scott, Indiana Reflections LLC, Batesville, Indiana, 2005

Webseiten zum Thema:

www.vintagechevrolet.org
www.ccc-schweiz.ch
www.chevrolet.ch
www.chevrolet.com
www.gm.com
www.chevrolethalloffamemuseum.com
www.louischevroletevent.ch
www.louischevrolet-fanclub.fr
www.vcca.org
www.gmheritagecenter.com

Anmerkungen

1 Friends, 1971, Seite 3
2 Friends, ebenda
3 The Louis Chevrolet Memorial, 1975
4 C.G. Sinsabaugh, Motor, August 1920
5 Motor Age, 21. Mai 1905, Seite 7
6 Beverly Rae Kimes, The Dawn of Speed, American Heritage Magazine, November 1987
7 New York Times, 27. Januar 1906
8 The Story of the Buick, 4. Mai 1978
9 Encyclopedia of Auto Racing Greats, 1973, Seite 128
10 The Buick, a complete Story, Seite 470
11 The Buick, Seite 471
12 The Lake County Times, Evening Edition, 19. Juni 1909
13 ebenda
14 The Automobile, 24. Juni 1909
15 Detroit Free Press, 10. November 1909
16 Detroit Free Press, 21. August 1910
17 The Buick, Seite 478
18 New York Times, 2. Oktober 1910
19 Die beiden Buick-Rennmechaniker Henry Winterhoff und Peter McGregor berichten in den 1950er-Jahren übereinstimmend, dass Louis Chevrolet die Mindestgeschwindigkeit von 75 Meilen pro Stunde massiv überschritten hat.
20 1909 werden 14606 Buick-Fahrzeuge produziert, 1910 sind es bereits über 30000.
21 Frank Rodolf, «An industrial History of Flint», Seite 392
22 Laut autobiografischen Notizen verfolgte Durant von Anfang an das Ziel, die Kontrolle über GM zurückzugewinnen.

23 Motor Age, 23. November 1911
24 Rodolf, Seite 401
25 Rodolf, Seite 397
26 Rodolf, Seite 402
27 Rodolf, Seite 403
28 Der Classic Six ist bald vergessen, und bis heute sind nur zwei Exemplare erhalten geblieben. Eines steht in der Buick Gallery in Flint, das älteste im Reynolds-Alberta-Museum in Kanada.
29 Motor World, 11. Juli 1912
30 Automobile Topics, 17. August 1912
31 The Automobile, 12. Juni 1913
32 The Horseless Age», 17. September 1913
33 Martha Desnoyers in Friends, Juli 1971
34 Friends, ebenda
35 Der Genfer Ingenieur geht mit dieser Konstruktion in die Renngeschichte ein.
36 Detroit Free Press, 21. August 1910
37 Champion gründet in den USA zwei Unternehmen, die später als AC Spark Plug Division bei GM und als Champion Spark Plug Company erfolgreich werden.
38 Ken Kaufmann, Chevrolet Review
39 Los Angeles Times, 4. November 1914
40 Los Angeles Times, ebenda
41 Dieser Abschnitt entspricht im Wesentlichen der Linienführung der späteren Route 66.
42 Los Angeles Times, 10. November 1914
43 New York Times, 13. Mai 1915
44 Los Angeles Times, 14. April 1916
45 Motor Age, 25. Mai 1916
46 Indianapolis Star, 31. Mai 1917
47 Ein rares Video zeigt, wie Louis Chevrolet die Trophäe entgegennimmt: http://www.youtube.com/watch?v=pSYcrlTcLK8
48 New York Times, 5. Mai 1918
49 Motor Age, 27. Juni 1918
50 Motor Age, 25. Juli 1918
51 Griffith Borgeson in Car Life, Mai 1966
52 Automobil-Revue, Nr. 8, August/September 1920
53 Automobil-Revue, Nr. 8, ebenda
54 Indianapolis Star, 10. Juni 1920
55 Ein historisches Filmdokument über Gaston Chevrolets tragisches Unglück ist auf Youtube geschaltet: http://www.youtube.com/watch?v= 6WN3Jk0Yrz0
56 New York Times, 9. April 1922
57 Indiana Cars, a history of the Automobile in Indiana, Dennis E. Horvath und Terri Horvath, 2002
58 Griffith Borgeson, ebenda

59 The Automobile, 24. Februar 1916
60 Der Slogan «O.K. Chevrolet» wird bis heute von der Chevrolet Motor Company im Occasionshandel wiederverwendet.
61 Automobile Topics, 20. September 1919
62 New York Times, 9. Januar 1922
63 Indianapolis Star, 9. Januar 1922
64 Indianapolis Star, 10. März 1922
65 Automobile Topics, 22. April 1922
66 New York Times, 19. Mai 1922
67 New York Times, 22. Juli 1922
68 Indianapolis Star, 12. August 1922
69 Es dauert 40 Jahre, bis ein Ford-Rennwagen in Indianapolis ein besseres Schlussresultat erzielt.
70 Griffith Borgeson, The golden Age of the American Racing Car, Seite 202
71 Katalog der Chevrolet Bros. Mfg. Co. vom 15. Oktober 1923
72 Automobile Topics, 1. August 1925
73 Automobile Topics, 25. August 1928
74 Automobile Topics, 18. Januar 1930
75 Welche Position Louis Chevrolet ausfüllt, ist unklar. Es gibt Hinweise darauf, dass er als Versuchsingenieur tätig ist.
76 Automobile Topics, 8. Dezember 1934
77 Griffith Borgeson, The golden age of the American Racing Car, 1966
78 NZZ Format, 2005
79 Rose Chevrolet, Interview mit Pinky Randall, 1988
80 Rose Chevrolet, ebenda
81 Rodolf, Seite 168
82 Hans Rudolf Schmid, Schweizer Pioniere der Wirtschaft und Technik, 1960
83 Automobile Topics, 4. Februar 1922
84 The Corpus Christi Times, 18. März 1938
85 Detroit Free Press, 17. März 1964
86 Time, 27. März 1964
87 Rose Chevrolet, 1988
88 Detroit Free Press, 28. November 1971
89 Rose Chevrolet, 1988

Bildnachweis

GM Suisse SA: 2, 23, 24, 25, 59, 73, 95, 161, 163, 167 unten, 168, 180
Detroit Public Library, National Automotive History Collection: 17, 40, 42, 49, 55, 71, 79, 87, 88, 96, 102, 104, 122 links,
Musée d'histoire La Chaux-de-Fonds: 20/21
Archiv des Autors: 26, 28, 35, 44, 51, 52, 74, 84, 97, 99, 105, 107, 111, 112, 116, 118, 119, 125 rechts, 127, 131, 134, 137, 139, 141, 142, 143, 144, 145, 146, 147, 148, 151, 164, 165, 175, 176, 179,
Indianapolis Motor Speedway: 27, 29, 38, 89, 94, 121, 122 rechts, 124, 125 links,
Kettering University Archives, Flint: 45, 46, 54, 56, 57, 60/61, 62/63, 72, 91, 123, 129, 130, 152/153, 157, 158/159, 160,
Sammlung Pinky Randall: 66/67, 68, 76, 83, 109, 110, 114, 135,
Chevrolet Hall of Fame Museum, Decatur, Illinois: 93
Sammlung Autobau, Romanshorn: 167 oben

Umschlagbild: Archiv des Autors/Autobau